Hauptschwein

Karl Snethlage

Das Schwarzwild

Naturbeschreibung · Hege · Jagd

7. Auflage, bearbeitet und ergänzt von

Dr. Karl Helmuth Snethlage

Mit 65 Abbildungen im Text und auf 8 Tafeln

Verlag Paul Parey · Hamburg und Berlin

Fotonachweis: Gegenüber S. 1 Walter Altvogt; gegenüber S. 16 (oben) Pierre Didier; gegenüber S. 16 (unten) Friedrich Schmidt; gegenüber S. 48 Henner Tummerscheit; gegenüber S. 64 Alex Niestle; gegenüber S. 96 W. A. Gunn; gegenüber S. 112 (oben) C. A. v. Treuenfels; gegenüber S. 112 (unten) Kurt Pagel; gegenüber S. 160 W. Zellmann; gegenüber S. 176 B. Winsmann. Textillustrationen und Umschlagbild Karl Helmuth Snethlage.

CIP-Kurztitelaufnahme der Deutschen Bibliothek

Snethlage, Karl:
Das Schwarzwild: Naturbeschreibung, Hege, Jagd / Karl Snethlage. – 7. Aufl. / bearb. u. erg. von Karl Helmuth Snethlage. – Hamburg; Berlin: Parey, 1982.
ISBN 3-490-41512-4

NE: Snethlage, Karl Helmuth [Bearb.]

ISBN 3-490-41512-4

Vorwort zur 7. Auflage

Mein Vater schrieb dieses Buch über seine Freunde, die Sauen, im Jahre 1934, als er sie fast täglich in dem ruhigen heimatlichen Revier in Hinterpommern beobachten konnte. Es sind also im wesentlichen seine dortigen Beobachtungen und Erfahrungen mit dieser Wildart, die er aus frischester Erinnerung zu Papier brachte und anschaulich zu schildern wußte. Daß im Prinzip das Verhalten der Sauen jedoch in anderen Teilen unseres Landes oder des benachbarten Auslandes nicht wesentlich anders ist, konnte er bei zahlreichen Jagdgelegenheiten nach dem Kriege feststellen. Alle geschilderten Erfahrungen betreffen jedoch nur Sauen in freier Wildbahn.

Schon beim Erscheinen des Buches und auch im Vorwort zur 6., noch von ihm bearbeiteten Auflage, betont er, daß dies Buch keinen Anspruch darauf erhebt, eine „wissenschaftliche Monographie" des Schwarzwildes zu sein, sondern vielmehr bewußt gedacht ist als Beitrag eines Jägers aus der Praxis für den praktischen Jagdbetrieb. Und sicher ist es neben dem enormen Erfahrungsschatz seine erzählende, z. T. humorvolle Art, die dem Buch einen so großen Erfolg beschert hat, der gerade unter den praktischen Jägern immer noch anhält.

So mußte es meine Aufgabe sein, bei der Überarbeitung für die erforderlich gewordene 7. Auflage seine Sprache und Ausdrucksweise und damit den Charme des Buches zu erhalten. Nur im Hinblick auf neue Hegebemühungen, die von ihm immer angeregt und gefordert, aber im Großen wegen der zu befürchtenden Wildschäden kaum für durchführbar gehalten wurden, war es zu ergänzen.

Die Zeichnungen für diese Auflage wurden von mir selbst gemacht, da diejenigen unseres verehrten Altmeisters Karl Wagner der heute erforderlichen Technik nicht mehr entsprachen. Einige Fotos sind darüber hinaus eine begrüßenswerte Unterstützung für den Leser beim Ansprechen der Sauen zu den verschiedenen Jahreszeiten.

Möge das Buch also weiterhin dazu beitragen, dem Schwarzwild neue Freunde zu gewinnen und seine waidgerechte Bejagung zu fördern.

Ahrensburg, im Sommer 1982 KARL HELMUTH SNETHLAGE

Inhalt

1 Erscheinung und Lebensweise

Schon vor über hundert Jahren hat man dem Schwarzwild in Deutschland geweissagt, daß seine Stunde geschlagen hätte, daß dies ritterliche, tapfere Wild aus der fernen Urzeit sich nicht gegen die wachsende Bodenkultur werde durchsetzen können, daß es höchstens in eingefriedeten Sauparks noch eine Zeitlang ein kümmerliches, halbzahmes Dasein fristen würde, und man sah schon den letzten Keiler aus freier Wildbahn ausgestopft im Museum stehen, die Jäger mit gezogenen Hüten andachtsvoll darum, nachtrauernd den guten alten Zeiten, da noch dieses urige Wild in deutschen Wäldern seine Fährte zog.

Zur Freude jedes deutschen Jägers sind diese Voraussagen nicht in Erfüllung gegangen, trotz aller Anfeindungen, die gerade von seiten der Landwirtschaft dem Schwarzwild entgegengebracht wurden; obwohl es keinen Schutz durch die Jagdgesetzgebung genoß, ungestraft die Bache von den Frischlingen weggeschossen werden durfte, hat es doch verstanden, sich durchzusetzen. Sicher nicht zuletzt wegen seiner im Verhältnis zu den anderen Hochwildarten erstaunlich großen Fruchtbarkeit und seiner Anpassungsfähigkeit. Aber das Hauptverdienst gebührt doch wohl jenen waidgerechten Revierbesitzern und Verwaltern von Staats- und Privatforsten, die auch ohne die Hilfe des Gesetzes dieses edle Wild waidgerecht bejagten, rechtzeitig seinen großen Nutzen für den Wald einsahen, den zum Teil beträchtlichen Schaden auf dem Felde in Kauf nahmen und ihm in ihren Revieren eine Freistatt gönnten, unbekümmert um das Geschrei der Massen und die Verfemung durch den Landwirt. So hat sich das Schwarzwild in Deutschland gehalten, obgleich erst nach dem ersten Weltkrieg der Postenschuß verboten wurde, und erst mit dem Reichsjagdgesetz die führenden Bachen einen, wenn auch völlig unzureichenden Schutz vom 16. 3.

bis 15. 6. erhielten. Auch nach der Bundesverordnung über die Jagd- und Schonzeiten von 1961 währt der gesetzliche Schutz der führenden Bachen nur vom 1. 3. bis 15. 6. Um so erfreulicher ist es, daß vor kurzem einige Länder Westdeutschlands Schonzeiten für das Schwarzwild eingeführt haben, die aber leider nicht einheitlich sind, sondern von einem verlängerten Schutz der führenden Bachen bis zur völligen Schonung beider Geschlechter (außer Frischlingen) zu bestimmten Zeiten reichen.

Wie schnell sich dann nach dem Zusammenbruch die Schwarzwildbestände vermehrten und ausbreiteten, als durch die Entwaffnung der deutschen Jäger jede ordnungsmäßige Bejagung aufhörte, ist noch in frischer Erinnerung. Sie waren geradezu zur Landplage und zu einer Gefahr für unsere damals so knappe Ernährungslage geworden. Dadurch entstand die Notwendigkeit, das Schwarzwild äußerst scharf und rücksichtslos zu bejagen, um es zu vermindern, was leider nicht möglich war, ohne die Grundsätze der Waidgerechtigkeit weitgehend außer acht zu lassen.

So wurden sogenannte „grüne Jagden" im Sommer abgehalten, die Bachen von den Frischlingen geschossen, mit dem Erfolg, daß es zwar im Laufe der Jahre gelungen ist, die Bestände auf ein für die Landeskultur tragbares Maß zurückzuführen und sie aus Gegenden zu verdrängen, wo sie nicht hingehören, die Bestände selbst aber in ihrer Zusammensetzung kaum mehr den Anforderungen eines gesunden Wildstandes entsprechen. Durch den übertriebenen Abschuß der führenden Bachen konnten die mutterlos aufgewachsenen Frischlinge sich nicht genügend entwickeln und zu starken Keilern und Bachen heranwachsen.

Zum Glück hat sich in den letzten Jahren bei vielen einsichtigen und waidgerechten Revierinhabern die Ansicht durchgesetzt, daß auch dem Schwarzwild eine waidgerechte Bejagung zukommt und daß die führenden Bachen grundsätzlich geschont werden müssen. Es sind vielerorts dort, wo noch keine gesetzliche Regelung besteht oder sie nicht ausreichend ist, Bestrebungen im Gange oder bereits feste Verabredungen getroffen worden, auf freiwilliger Grundlage dem Schwarzwild eine Schonzeit vom 1. 2. bis 30. 6. einzuräumen und die führenden Bachen ganzjährig zu schonen. Richtungsweisend und bundesweit anerkannt ist derzeit die jagdliche Bewirtschaftung der Schwarzwildbestände nach dem „Lüneburger Modell“, auf welches im Abschnitt „Hege“ näher eingegangen wird.

So besteht berechtigte Hoffnung, daß das Schwarzwild unter dem Schutz waidgerechter Förderer in wildpretstarken, wenn auch zahlenmäßig beschränkten Beständen den deutschen Wildbahnen als letztes ritterliches und wehrhaftes Wild erhalten bleibt und auch auf spätere Generationen übereignet werden kann.

Verbreitung

Die Sauen, wie wir unser Schwarzwild mit einer anderen waidmännischen Sammelbezeichnung nennen, sind ausgesprochene Waldtiere. Nur dort, wo größere Waldgebiete zusammenhängen und nicht zu kleine Waldstücke von einigen 1000 Morgen mit Ackerflächen sich mischen, finden sie zusagende Lebensbedingungen. Ihr Hauptbedürfnis sind *ruhige* Dickungen, wo sie sich über Tag ungestört einschieben können, und genügend Fraß im Walde und auf dem Felde. Um zu diesem zu kommen, ziehen sie weite Strecken und verlegen ihren Standort oft um viele Kilometer, wenn irgendwo z. B. eine gute Eichel- oder Buchelmast lockt. Sie sind überhaupt nicht sehr standorttreu, viel weniger als Rehwild und Rotwild, und stecken heute hier, morgen da. Sie sind als sehr unstete und unzuverlässige Gesellen bekannt, doch hängt dies zum großen Teil auch damit zusammen, daß sie, verfemt und gehaßt, wie sie nun einmal leider sind, nirgends in Ruhe gelassen und mit allen Mitteln bejagt werden, wo sie sich immer zeigen. Wird ihnen dagegen Ruhe gegönnt, und werden sie nur mit etwas Liebe und Entgegenkommen aufgenommen, so fühlen sie sich bald wohl und vergelten es mit einer gewissen Vertrautheit; ganz ähnlich wie das Rotwild, mit dem sie überhaupt viele gleiche Bedürfnisse haben.

So finden wir denn das Schwarzwild auch durchweg dort, wo das Rotwild seine Fährte zieht, in mehr oder weniger starken Beständen überall in der Norddeutschen Tiefebene und den bewaldeten Mittelgebirgen, in den Forsten des Staates, der Kommunen und des größeren Privatbesitzes. Nur in die Hochgebirgslagen folgt es dem Rotwild nicht.

Es besteht kein Zweifel, daß in Deutschland der Schwarzwildbestand in den letzten 100 Jahren eher zu- als abgenommen hat.

Durch die Revolution 1848 und die darauf folgende jagdfeindlich eingestellte Zeit waren die Wildbestände sehr zusammengeschrumpft, z. T. vernichtet. Wenn auch bald wieder die jagdlichen Verhältnisse besser wurden, so waren doch die Lebensbedingungen für alle Hochwildarten nicht günstig, da es noch keine geregelte Waldwirtschaft gab und Raff- und Leseholzgerechtigkeit, Waldweide und Schweineeintrieb viel Unruhe in den Wald brachten.

Es ist bezeichnend, daß sich das Rotwild überall, z. B. in Pommern und in der Eifel, erst zwischen 1880 und der Jahrhundertwende wieder ausbreiten und alte Einstandsgebiete zurückerobern konnte, als durch die Änderung der forstlichen Wirtschaftsweise große ruhige Dickungen entstanden und das Vieh mehr und mehr aus dem Walde verschwand. Ebenso profitierten die Sauen von dieser Veränderung und nahmen überall zu, nur mit dem Unterschied, daß das Rotwild im allgemeinen gehegt und seine Einbürgerung gefördert wurde, während das Schwarzwild wegen seines unangenehmen Schadens auf dem Felde als Stiefkind behandelt und scharf bejagt wurde. Doch gab es überall größere Reviere, die ihre schützende Hand über das verfemte Wild hielten und es anständig bejagten, so daß von diesen Reservoiren aus ein dauernder Nachschub in die übrige Wildbahn fließen konnte.

Aber nicht nur Deutschland beherbergt größere Schwarzwildbestände. In den osteuropäischen Ländern ist es vom Baltikum über Polen bis zu den Karpaten und dem Balkan in besonders starken Schlägen vertreten, die von den großen Jagdausstellungen her rühmlich bekannt sind. Auch in Österreich kommt es in nicht zu gebirgigen Lagen vor. In Ostdeutschland besteht infolge der beschränkten Bejagungsmöglichkeit immer noch ein sehr starker Bestand. Auch in den großen französischen Waldgebieten, in Lothringen, den Ardennen, der Normandie und an der Loire kommt das Schwarzwild noch häufig vor und wurde bis vor kurzem und vereinzelt wohl auch heute noch par force bejagt. Einer der stärksten Keiler der Internationalen Jagd-Ausstellung in Düsseldorf stammte aus den Wäldern bei Orleans. Ebenso bergen die belgischen Ardennen noch einen ansehnlichen Schwarzwildbestand, während in Holland nur in einigen großen Gatterrevieren Schwarzwild vorkommt. Selbst in Spanien ist es in freier Wildbahn an einigen Stellen vorhanden, in Italien wohl nur in Parks.

Gestalt

Die Gestalt des Schwarzwildes unterscheidet sich wesentlich von der aller anderen Wildarten, die wir in Deutschland haben. Auch wer Sauen noch nie gesehen hat, wird sie auf den ersten Anhieb richtig ansprechen. Das Schwarzwild hat eine ähnliche Figur, wie wir sie vom zahmen Schwein her kennen, dessen Ahnherr es ja ist. Doch fallen uns bei dem Vergleich mit dem Mastschwein in der Bucht erhebliche Unterschiede auf.

Eine verwandte junge Dame aus der Stadt, der ich am Vormittag die Vorzüge meiner hochgezüchteten Edelschweine gezeigt hatte und nun am Abend die schwarzen Vettern vorführte, musterte sie sachlich kritisch, schüttelte den Kopf und faßte ihr Urteil in die in unserem Haus klassisch gewordenen Worte zusammen: „Eine sonderbare Rasse." Einen ähnlichen Eindruck wird jeder haben, der sie zum erstenmal, unbeschwert durch Jagdleidenschaft sieht. Sie sind viel hochläufiger und schmaler, nach hinten zu abfallend, mit verhältnismäßig großem Kopf, der sehr lang und spitz, dabei von vorn äußerst schmal ist. Er wirkt wie ein Keil, mit dem die Sau sich durch die engsten Bestände zwängen kann. Außerdem ist er vorzüglich geeignet, als Hebel zu wirken und den Boden aufzubrechen. Dies ist dann auch die Hauptaufgabe des vorderen Kopfteiles mit Ober- und Unterkiefer, weshalb er auch waidmännisch *„Gebrech"* genannt wird. Trifft man die Sauen bei der Tätigkeit des Brechens, so sagt man, *„sie stehen im Gebräch"*.

Die runde Scheibe, in die der Nasengang mündet, heißt *„Wurf"*. Die Lichter sind klein und liegen tief im Schädel. Die Ohren, verhältnismäßig klein, dreieckig und dunkler behaart als der übrige Körper, nennt man *Gehöre* oder *Teller*. Am Gebrech fallen uns, besonders bei starken Keilern, die Eckzähne auf, in ihrer Gesamtheit die *Waffen* genannt. Die Eckzähne des Unterkiefers, die die eigentliche Waffe des Keilers sind, bezeichnet man als *Gewehre*, die oberen, die als Schleifstein für diese dienen, die *Haderer.* Das klappende Geräusch, das der Keiler im gereizten Zustand hören läßt, indem er das Gebrech auf- und zuklappt, nennt man *Wetzen.*

Hört der Jäger den vom Hund gestellten kranken Keiler dicht vor sich in der Dickung vor Wut wetzen, so kann er sich darauf gefaßt machen, daß der Basse ihn unter Umständen *annimmt* und *schlägt.* Hierbei schiebt er den Unterkiefer seitwärts, so daß das Gewehr frei wird und führt einen wuchtigen Schlag von unten nach oben, wobei das scharf geschliffene Gewehr wie ein schräg nach oben gerichteter Dolch wirkt.

Die Waffen sind die Trophäen und als solche für den Jäger von großer Bedeutung. Daher soll später noch näher auf ihren Bau und ihre Entwicklung eingegangen werden.

Die Eckzähne der Bachen sind geringer ausgebildet und werden nicht zum Schlagen, sondern zum Beißen benutzt. Sie heißen *Haken.*

Der Kopf geht fast unmittelbar in den Rumpf über. Der Hals ist daher sehr kurz aber stark. Der Rumpf ist vorn verhältnismäßig breit und wird nach hinten schmaler und abfallend. Bei älteren Stücken, besonders bei Keilern, ist die Schwarte auf der Schulterpartie durch ein zähes Gewebe verstärkt, das sogenannte *Schild.* Durch eine Schicht von Harz und Lehm wird es noch undurchdringlicher. Es dient als Schutz bei den Kämpfen der Rauschzeit untereinander. Mit dem Schild fangen sie gegenseitig die Schläge ab, ebenso wie man es bei ihren zahmen Vettern sehen kann, wenn zufällig mal zwei Eber aneinandergeraten.

Nicht nur wegen seiner zusammengeschobenen Gestalt mit dem groben Kopf wirkt das Schwarzwild anderem Wild gegenüber plump, sondern auch hauptsächlich durch seine verhältnismäßig kurzen Läufe. Man sieht es ihm nicht an, daß es eine erhebliche Geschwindigkeit entwickeln kann, die der des Rotwildes nichts nachgibt. Auch nicht beunruhigt, zieht es gern weite Strecken, und einige Meilen in einer Nacht zurückzulegen macht ihm gar nichts aus. Die Gangarten sind ein flottes *Ziehen,* der *Troll,* den besonders starke Stücke gerne wählen, und die *Flucht.*

Die *Fährte* der Sauen hat ihre ausgesprochenen Merkmale, so daß sie nicht leicht mit anderem Wild verwechselt werden kann.

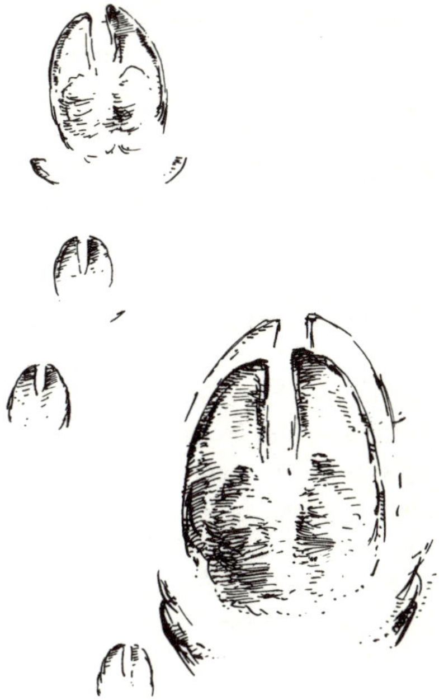

Die Schalen sind oft ungleich lang und werden auch im Ziehen mehr gespreizt als beim Rotwild. Vor allem werden aber fast immer die Afterschalen mit abgedrückt. Diese, das *Geäfter,* stehen nicht wie beim Rotwild in der Verlängerung der äußeren Schalenränder, sondern seitwärts herausgedrückt. Hierdurch ergibt die Fährte das Bild eines Trapezes, das sehr typisch ist. Die Fährte eines Hauptschweins gibt der eines jagdbaren Hirsches an Stärke wenig nach. Die Schrittweite ist etwas geringer. In der Figur unterscheiden sich die Geschlechter beim Schwarzwild bei weitem weniger als z. B. beim Rotwild. Wenn ich daher von irgend einem Vorgänger abschreiben wollte und behauptete, den Keiler erkennt man an der gedrungenen Gestalt mit kürzerem Kopf, während die Bache schmaler gebaut ist und ein längeres Gebrech hat, so widerspräche es meinen langjährigen eigenen Beobachtungen. Im Gegenteil halte ich es für meine Pflicht, gegen diese Behauptung energisch anzugehen. Schon manche alte Bache hat dieses angeblich kurzen Kopfes wegen ihr Leben verloren.

Die Länge des Kopfes wirkt ganz verschieden, je nach dem Zustand des Haarkleides. Im kurzen Sommerhaar sieht der Kopf einer jeden Sau lang und spitz aus, während die dicken Winterborsten, besonders an den Backen, den Kopf kürzer erscheinen lassen. So kann es vorkommen, daß im Juni der Sommerkeiler viel länger im Kopf wirkt als die führende Bache, die dann noch das Winterkleid trägt. Die Kopflänge ist also sehr trügerisch, und ich möchte keinem raten, sich darauf zu verlassen.

Mit der gedrungenen Figur ist es dasselbe, und ein abgerauschter Keiler kann um dieselbe Zeit viel schmaler aussehen, als die Geltbache, die noch voll „Weiß" sitzt.

Da auch die Gewehre, wie wir sehen werden, meist keinen Anhalt bieten, so bleibt eigentlich beim Keiler nur der *Pinsel,* die dreieckige, durch einen Haarbüschel hervorgerufene Unterlinie, die ihn kenntlich macht. Die *Brunftrute* ist korkenzieherartig gewunden, wie beim zahmen Eber. Das *Kurzwildpret* sitzt nicht, wie beim übrigen Schalenwild, zwischen den Keulen. Man kann es also nicht, wie bei Hirsch oder Bock, spitz von hinten sehen. Die Brunftkugeln sitzen unter dem Weidloch auf der Hinterseite der Keulen in der Schwarte versteckt und treten nur als unauffällige Erhöhungen hervor. Nur einmal ist es mir geglückt, bei gutem Licht, einen Keiler, der dicht vor meiner Kanzel vorbeizog, am Kurzwildpret als solchen anzusprechen.

Die *Losung* des Schwarzwildes ist z. T. größer als die des Rotwildes und ballenförmig bis breiig je nach Jahreszeit und Fraß und von schmutzig dunkler Farbe.

Schließlich müssen wir bei der äußeren Erscheinung der Sauen noch des *Pürzels* gedenken, wie der Schwanz genannt wird. Er wird zwar nicht wie bei den zahmen Vettern im Kringel getragen, sondern hängt glatt herunter. Er ist aber dauernd in Bewegung, teils wohl um die Fliegen abzuwehren, andererseits ist er aber auch ein gewisser Ausdruck für die Gemütsverfassung seines Trägers. Beim gemütlichen Brechen pendelt er lustig hin und her, während er in der Erregung steif schräg nach oben gestellt wird. Dies habe ich besonders ausgesprochen bei alten Bachen oft beobachten können, wenn sie um ihre Frischlinge besorgt waren. Stärkere Sauen haben auch im Sommer am Pürzel eine Quaste aus dunklen Haaren, die den Frischlingen und Überläufern noch fehlt. In der Flucht wird der Pürzel weit abgestreckt und weht hinterher.

Keine andere Wildart hat in dem Maße die Eigenschaft von der Natur mitbekommen, sich für karge Zeiten Reservestoffe aufzusparen, wie gerade das Wildschwein. Jeder Überfluß an Fraß setzt sich unter der *Schwarte,* wie die Haut genannt wird, in Form von „Weiß" ab. Denn so heißt die Speckschicht und nicht *Feist.* Diese weiße Schicht wird in guten Mastjahren auf dem Rücken bis zu

3–4-fingerbreit stark, und wenn man ein solches Stück aus der Schwarte schlägt, so sieht es tatsächlich vollkommen weiß aus. Auch im Innern der Bauchhöhle sind Nieren und Gescheide völlig in Weiß gebettet.

Ähnlich wie beim Feisthirsch geht den Keilern in der Rauschzeit das meiste davon verloren, und den Rest nimmt der Winter fort. Führende Bachen setzen infolge der Beanspruchung ihres Körpers durch das Säugen nicht soviel Weiß an, wenn sie auch im Herbst recht gut bei Leibe sind. Bachen, die gelt geblieben waren, haben dagegen noch Ende Dezember unglaublich viel Weiß. In strengen Wintern, wenn die Sauen wochenlang nicht brechen können, verlieren sie fast alles Weiß, besonders wenn der Heger nicht durch ausreichende Fütterung für sie sorgte; sie fallen dann erheblich im Wildpret ab, so daß der Gewichtsunterschied vom höchsten Gewicht im Herbst bis zum niedrigsten Ende Februar erheblich größer ist als bei allen anderen Wildarten. Ein Hauptschwein, das im Oktober vielleicht 3 Zentner wog, kann im Frühjahr bis auf 180 Pfund abfallen.

Wenn aber in Zeiten strengen Frostes ausreichend gefüttert wurde oder der Winter nicht zu hart war, habe ich bei Sauen, die im April des Wildschadens wegen geschossen waren, noch Weiß gesehen.

Haar und Haarwechsel

Jedem, der schon einmal Sauen im Winter auf der Strecke einer Treibjagd oder im Laden eines Wildhändlers gesehen hat, ist als erstes und Auffälligstes das dunkle, zottige Haarkleid aufgefallen, dem das Schwarzwild seinen Namen verdankt. Wer es nur in diesem Zustand kennt, sollte es nicht für möglich halten, daß es dieselben Tiere sind, die im Sommer nackt und hell, sich fast weiß gegen die dunkle Wand der Dickung abheben. Kein anderes Wild bietet im Sommer- und Winterkleid solch ausgesprochen verschiedenes Bild in der ganzen Figur. Am ehesten läßt es sich noch mit dem Unterschied von Sommer- und Wintergams vergleichen.

Sehen wir uns solch zottigen Gesellen, wie er da auf der Strecke liegt, einmal genauer an: Der ganze Körper ist mit dunklen Borsten bedeckt, die einen schwarzgrauen oder grauschwarzen Eindruck machen. An den Seiten sind sie in Zotteln oder Locken gelegt und werden an den Keulen und den Läufen kürzer und dunkler. An den Ellbogengelenken der Vorderläufe, dicht am Rumpf und an den Backen sind sie wieder länger mit hellen Spitzen. Die Kopfborsten, besonders oben, sind ganz kurz und hell, die Teller mit dunklen Haaren besetzt. Am meisten fällt uns aber die lange dunkle Borstenreihe auf dem Rücken auf, der *Kamm,* und wir lassen uns belehren, daß die einzelnen Kammborsten *Federn* genannt werden. Bei einem anderen Stück, einer alten Geltbache, bemerken wir gerade, wie ein Treiber heimlich sich eine Handvoll davon ausrupft als Schmuck für seinen Hut, und sehen, daß sie beinahe eine Spanne lang sind. Richtet der Keiler sie in der Wut auf, so wirkt er eine gute Handbreit größer, als er tatsächlich ist.

Nun, wo wir darauf achten, sehen wir auch, daß nicht alle Stücke die gleiche Farbe haben, daß hellere und dunklere dabei sind. Wir rupfen von der Seite ein paar Borsten aus und sehen sie uns näher an. Sie sind sehr hart und stur, zu zwei Drittel pechschwarz. Das letzte Drittel, das sich meist in zwei Teile spaltet, hat eine helle Spitze. Je nachdem nun die Borsten längere oder kürzere helle Spitzen haben, wird der Ton auf den einzelnen Körperstellen und auch bei den einzelnen Stücken heller oder dunkler. So entstehen Tönungen von fast ausgesprochenem Schwarz bis Hellgrau oder Gelblich. Wir sehen aber beim Vergleich, daß hier keine Regel waltet, daß wir nach der Farbe nicht den Keiler von der Bache, nicht das Hauptschwein vom Überläufer unterscheiden können. Nur die Frischlinge zeigen zum mindesten an der Hinterseite der Keulen ein typisches Gelbbraun und haben überhaupt noch nicht die ausgesprochen sturen Borsten.

In manchen Gegenden kommen auch gelegentlich abnorm gefärbte Stücke vor, meist sehr helle oder sogar gescheckte. Auch auf alten Stichen und Gemälden, z. B. im Jagdschloß Kranichstein, sind solche bunten oder weißen Sauen zu sehen.

Ich glaube, daß diese Erscheinung auf die Einkreuzung mit Blut von zahmen Schweinen zurückzuführen ist, wie sie früher häufig vorkam und heute noch gelegentlich durch den Eintrieb von Schweineherden in den Wald möglich ist.

Bache mit Frischlingen

Frischlinge, 4–6 Wochen alt

Schon Dietrich aus dem Winkell vertrat diese Ansicht und schrieb um 1820 in seinem „Handbuch für Jäger“:

„So kann man mit Wahrscheinlichkeit voraussagen, daß da, wo es jetzt mehrere weiße, bunte und weiß-graue wilde Sauen gibt, in Zeiten, als man mehr auf Jagd als auf gute Wirtschaft hielt, zahme Schweine ausgesetzt worden sind, von welchen sie abstammen.“

Man sollte aber versuchen, solche abnorm gefärbten Stücke möglichst bald auszumerzen, da sie nicht in die Wildbahn passen.

Ich selbst habe nur einmal einen gescheckten Überläufer auf einer Jagd im Revier Pinnow des Grafen Bassewitz im Süden des Kreises Neustettin auf der Strecke gesehen, und in unserer Nachbarschaft kam mir einmal auf einer Wildjagd ein ungewöhnlich helles Stück, eine Überläuferbache, zusammen mit einer dunklen. Da ich, raffgierig wie ich war, eine Dublette machen wollte, so schoß ich zunächst auf das erste, dunkle Stück. Ich schoß es aber nur krank und brauchte den linken Lauf auch noch dafür. So entkam mir das helle unbeschossen, und ich konnte keine genauen Beobachtungen anstellen. Dagegen kam mir im Sommer 1966 im Kreise Lüchow-Dannenberg, als ich auf den Rehbock ansaß, eine Rotte von drei Bachen mit zehn Frischlingen, von denen fünf so bunt wie Meerschweinchen waren.

Wir waren aber noch nicht fertig mit der Untersuchung unserer Sau. Wir greifen nochmals in die Borsten, biegen sie auseinander und finden darunter eine dicke Schicht feiner krauser, heller Unterwolle. Nun wundert uns nicht mehr, daß die Sauen die Unbilden des Winters so gut überstehen und gefeit gegen Nässe und Kälte sind. Unter der Schwarte eine dicke Schicht Weiß, über ihr dichte Unterwolle und ein harsches Borstenkleid, da hat die Natur wahrlich gut für unsere Freunde gesorgt. Verlassen wir nun unser Studienobjekt auf der Strecke, das uns über den Winterpelz der Sauen Aufklärung gegeben hat, und suchen uns ein anderes Stück, das die Fährlichkeiten der Winterjagden glücklich überstanden hat, um an ihm den Haarwechsel zu studieren.

Solange es noch kalt ist, behält es ruhig seinen warmen, zottigen Kittel an. Wenn aber die ersten wärmeren Tage kommen, beginnt es ganz allmählich an bessere Zeiten zu denken. Zuerst an Hals und Blatt, dann nach hinten fortschreitend, stößt es Winterborsten und Unterwolle ab. Begegnet man ihm so ausgangs Mai, so sieht es wohl ganz scheckig aus. Schließlich hat es dann seinen ganzen Winterpelz ausgezogen, und Mitte Juni ist es überhaupt nicht wiederzuerkennen. Es wirkt viel hochläufiger, schmaler, der Kopf ist noch einmal so lang und spitz geworden, es ist vollkommen nackt und nur mit silberglänzenden Stoppeln bedeckt, wie ein alter Waldarbeiter, der sich die ganze Woche nicht rasiert hat. Die ganze Urigkeit und Würde ist dahin, es gleicht eher einem Tapir oder vorsintflutlichen Saurier als einem rechtschaffenen Schwein, wie es uns nach Abbildungen in Jagdbüchern oder von den Winterjagden her vorschwebt. Wenn überhaupt noch etwas von seiner Hauptzierde, dem Kamm, da ist, so sind es einige durchschimmernde Borsten, die an den Kavalier mit dem dünn gewordenen Haupthaar erinnern. Nein, schöner ist es nicht geworden!

Das Winterhaar ist unsere Sau nun also glücklich los, und sie ist trefflich für die warme Jahreszeit gerüstet. Was wir da als ein paar Millimeter lange, hell scheinende Stoppeln sehen, sind die Spitzen der Borsten, die einmal den nächsten Winterpelz bilden sollen. Da diese, wie wir gesehen haben, oben hell sind, so haben wir hier die Erklärung für den silberhellen Schimmer, der so sehr von seiner sonstigen Farbe absticht.

Vor Jahren hatte ich den seltenen Anblick, zwei angehende Schweine, 5jährige Keiler, zu beobachten, von denen der eine noch die volle Winterschwarte trug, der andere bereits kahl war. An einem 19. Juni kam ich am Abend noch bei vollem Büchsenlicht aus dem Walde an eine Feldecke zwischen Dickungen. Der Schlag trug Roggen, der schon hoch war, in der Spitze hatte ich aber einen Morgen mit Kartoffeln bestellt, die ausschließlich für das Vergnügen der Sauen bestimmt waren. Als ich aus dem Walde trat, stand da eine grobe Sau am Rande der Dickung in den Kartoffeln und mulmte die Erde hoch, daß es nur so staubte. Das Stück war sehr hochläufig, schlecht bei Leibe und in noch vollem Winterhaar, so daß ich bestimmt an eine führende Bache glaubte, die, wie wir noch sehen werden, viel später „verfärben“ als Keiler und Überläufer. Ich war daher erstaunt, als das Stück breit trat und ich es als Keiler ansprechen mußte, da ich genau den Pinsel sah. Doch manchmal haben Bachen, die wenig Frischlinge führen, einen Strich des

Gesäuges besonders ausgebildet, so daß er wie ein Pinsel wirkt. So zögerte ich und wartete immer noch, daß die Frischlinge erscheinen sollten. Ich besah mir auch genau das Gebrech, ob ich vielleicht etwas von den Gewehren entdecken könnte, wenn das Stück den Kopf hochnahm. Doch sieht man bekanntlich nur in besonders günstigen Fällen etwas von den Waffen. Mir schien es nur so, als

ob die Oberlippe etwas hochgezogen war, wie dies die Haderer bei stärkeren Keilern verursachen. Auch das Benehmen war nicht das einer führenden Bache. Das Stück war merkwürdig unruhig und äugte jeden Augenblick nach der Dickung. Aber ich konnte mich nicht zum Schuß entschließen, das Haarkleid paßte um diese Jahreszeit durchaus nicht zu einem Keiler. Da warf das Stück erneut auf, sagte „Ruff", machte blitzschnell kehrt und verschwand eiligst im Roggen. „Was ist nun los?" dachte ich gerade, da trat auf derselben Stelle eine andere Sau auf den Schauplatz, gut bei Wildpret, ordentlich stramm in der Schwarte, der Pinsel zu sehen und im Oberkiefer die durch die Haderer hochgeschobene Falte. Das war der vorschriftsmäßige starke Sommerkeiler, wie er im Buche stand. Es war ein Spaß, ihm die Kugel auf die pralle Schwarte zu setzen. Er wog 220 Pfund und war 5jährig. Der andere war aber auch ein Keiler von demselben Alter und Kaliber. Durch irgendwelche Krankheit oder Verletzung war er nur im Haarwechsel zurückgeblieben. Er war durch seine Hochläufigkeit und sein abgekommenes Äußere unverkennbar und wurde im nächsten Winter auf der Jagd gestreckt. Soweit ich mich entsinnen kann, wog er nur 160 oder 180 Pfund.

Unser Keiler, auf den wir jetzt wieder zurückkommen, schiebt nun seine neuen Borsten langsam weiter. Im Juli sind sie ein paar Zentimeter lang und werden etwas dunkler, da die dunklen Schäfte der Borsten nun schon durchgebrochen sind. Besonders kommt dies an den Blättern zum Vorschein. Auch der Kamm hat sich neu gebildet und tritt als schwarzer Streifen deutlich in Erscheinung. Anfang September sieht er schon fast wieder wie ein rechtschaffener, ehrliebender Keiler aus, der etwas auf Würde hält. Nun wächst ihm inzwischen auch die Unterwolle, so daß er im Oktober in seinem Winterstaat dasteht, gerüstet, die Rauschzeit in voller Schönheit zu bestehen, und das Herz des Waidmanns über soviel Urigkeit und Wildheit bis in den Büchsenlauf klopfen läßt.

Alle Sauen, die nicht mit dem Führen der Frischlinge beschäftigt oder durch Krankheit und frische Schußverletzungen behindert sind, halten sich ungefähr mit dem Haarwechsel an die Zeiten wie unser Keiler. Nur die führenden Bachen machen eine Ausnahme. Wie auch bei Rot- und Rehwild das führende Alttier und die Mutterricke später verfärben als die Artgenossen, so verbrauchen auch die Bachen ihre Nährstoffe in erster Linie für ihre Nachkommenschaft und haben daher keine überschüssigen Kräfte, rechtzeitig die alten Borsten abzustoßen und neue zu bilden. Sie hinken also gewissermaßen nach und tragen noch das Winterkleid, wenn Keiler und Überläufer sich den warmen Rock schon ausgezogen haben. Desgleichen verspäten sie sich beim Schieben der neuen Winterborsten und sind noch hell und kahl, wenn diese schon fast wieder wintermäßig aussehen. Diese anscheinend vielfach unbekannte Tatsache ist aber von großer Wichtigkeit für den auf Sommersauen pürschenden Jäger.

Altersklassen

Wir haben soeben schon von Bachen, angehenden Schweinen, Frischlingen und Überläufern geredet und ähnliche geheimnisvolle Ausdrücke gebraucht, mit denen der Neuling wahrscheinlich nur unklare Vorstellungen verbindet. Die Erklärung wollen wir jetzt nachholen und auf die einzelnen Altersklassen und ihre waidmännische Bezeichnung näher eingehen.

Das männliche Stück Schwarzwild nennt man *Keiler,* das weibliche *Bache,* womit aber weiter über ihr Alter und ihre Stärke nichts ausgesagt wird. Die Bache *frischt,* d. h. sie setzt ihre Jungen, die man *Frischlinge* oder im Scherz auch „Frösche" nennt. Sie sind

zuerst nicht größer als eine Hand lang, wachsen aber verhältnismäßig schnell. Sie sind mit einem rauhen wolligen Haar bedeckt, das eine bräunlich-gelbliche Färbung hat. An den Seiten laufen mehrere ausgeprägte helle Streifen, die sich nach den Keulen zu manchmal in Punkte auflösen. Dieses auf den ersten Blick auffallend erscheinende Kleid bildet aber eine ganz vorzügliche Schutzfärbung, so daß auf dem Acker und auch im Bestande die schwachen Frischlinge vollkommen mit der Umgebung verschmelzen, besonders, wenn sie sich auf den Warnruf der Bache drücken. Im Verlauf des Sommers wachsen ihnen allmählich die dunklen Winterborsten durch, so daß sie im August schon an den Blättern dunkler werden und einen Ansatz eines richtiggehenden Kammes bekommen. Jetzt verschwinden auch die Streifen allmählich ganz, und das jugendliche Braungelb wird immer weiter nach den Keulen zu zurückgedrängt. Schließlich im vollen Winterhaar sehen sie fast genau wie die Alten aus, nur sind die Borsten etwas weicher und wolliger, und man erkennt sie außer an der Stärke eigentlich nur noch an den noch etwas jugendlich kurzen Köpfen, die um das Gebrech meist einen weißen Schimmer zeigen. Auch der Pürzel ist noch kurz und wollig, und fast immer bleibt auf der Schwarte, besonders in der Keulengegend, ein ganz bestimmter bräunlicher Ton, der dem Kenner mit Bestimmtheit zeigt, daß sie trotz ihres schon recht urigen und wilden Aussehens noch in die Klasse der Frischlinge gehören. Dem Zweifler gibt im übrigen auch das Gebiß Auskunft, auf das wir später noch kommen werden.

Die Sucht der Jäger, zu übertreiben, und der Wahn, daß es ruhmreicher wäre, einen Überläufer als einen Frischling erlegt zu haben, hat dazu geführt, daß man vielerorts den Übertritt der Frischlinge in die nächste Jahresklasse der *Überläufer* zum 1. Januar vornimmt. Manche Leute patentieren ihre Frischlinge sogar noch weiter vor. So erzählte auf einer Jagd ein Schütze stolz von seiner Dublette auf Überläufer. Er wurde in seine Schranken verwiesen und ihm bedeutet, heute wäre erst der 30. Dezember und er hätte durchaus keine Berechtigung, seine beiden „Frösche" als Überläufer zu bezeichnen. „Aber übermorgen wären sie doch welche geworden!" rief er ganz entrüstet. „Gut, dann darfst du aber auch erst übermorgen erzählen, daß es Überläufer waren." „Und wenn er die Geschichte in 6 Jahren erzählt, dann ist es eine Dublette auf Hauptschweine geworden", setzte ein anderer Phantasiebegabter hinzu.

Ich sehe aber überhaupt nicht ein, warum man schon ab 1. Januar die Frischlinge in die nächste Jahresklasse überführen soll.

Auch beim übrigen Wild rechnet man doch jahrgangsweise und läßt Kitze und Kälber erst dann zu Schmaltieren und Schmalrehen werden, wenn der neue Jahrgang gesetzt wird. So halte ich es für recht und billig, auch beim Schwarzwild ebenso zu verfahren und die Frischlinge der Einfachheit halber mit dem neuen Jagdjahr, also am 1. April zu Überläufern zu erklären. Es gibt ja manchmal schon vor dem 1. April neue Frischlinge, aber wenn jemand z. B. im März von unseren fast ein Jahr alten Frischlingen erzählen will, so kann er ja, um Mißverständnisse zu vermeiden, berichten: „Ich sah heute abend eine Rotte vorjähriger Frischlinge."

Die nächste Jahresklasse, die beim Rotwild der Schmaltier- und Spießer-Klasse entspricht, heißt *Überläufer*. Die alten Jagdklassiker nannten sie jährige, übergangene oder überlaufene Frischlinge, woraus dann Überläufer geworden ist. Sie sind also zu Anfang annähernd ein Jahr alt und verlassen diese Stufe mit etwa 2 Jahren. Genau stimmt dies mit dem tatsächlichen Lebensalter nicht immer überein, denn auch verspätet gesetzte Frischlinge, die am 1. April vielleicht erst ¾ Jahr sind, rechnet man von da ab zu den Überläufern. So kann es vorkommen, daß der Fortschritt des Zahnwechsels bei 2 Stücken dieser Klasse nicht immer gleich ist, und der eine Überläufer zu Ende des Jahres das Dauergebiß schon vollständig hat, der andere noch lange nicht.

Man spricht von *Überläuferkeilern* und *-bachen* je nach dem Geschlecht. In diesem Alter liegt noch das Hauptwachstum, und wenn die Überläufer auch im Frühsommer noch schmal und schwach sind, so legen sie im Laufe dieses Jahres doch mächtig aus und sind im Winter zwar noch immer nicht ganz ausgewachsen, aber immerhin ganz imposante Gestalten und eine vollwertige Jagdbeute.

Haben sie dann im Frühjahr, um den 1. April, ihr 2. Lebensjahr vollendet, so spricht man sie mit dem Sammelbegriff *grobe Sauen* an, ohne Rücksicht auf das Geschlecht. Alles was nicht zu den Überläufern und Frischlingen gehört, heißt grobe Sauen. Doch wird auch mit diesem Ausdruck viel Mißbrauch getrieben. Man hört auf den Jagden oft sagen: „eine starke Rotte, alles grobe Sauen!" Sieht man näher hin, so sind es meistens Überläufer gewesen, und diesen steht dieser Ehrenname noch nicht zu. Wie wir noch sehen werden, kommen, nebenbei bemerkt, auch Rotten aus lauter groben Sauen kaum vor.

Mit der Vollendung des 2. Lebensjahres löst sich nämlich der Familienverband der bisherigen Überläuferrotte auf. Die Geschwister aus demselben Wurf oder mehrerer befreundeter Würfe gehen jetzt auseinander. Die Keiler haben sich z. T. schon ein halbes Jahr früher abgetan und gehen einzeln. Die Bachen sind in der Rauschzeit zum erstenmal beschlagen worden und schlagen sich zum Frischen ab. Hat sich die Rauschzeit aber etwas verspätet, so daß die Erstlingsbachen erst im Juni frischen, so halten sie sich bis kurz vorher noch zusammen, und man kann dann tatsächlich eine Rotte grober Sauen sehen.

Im übrigen bezeichnet man die über 2 Jahre alten Sauen jetzt getrennt nach Geschlechtern und spricht bei den Bachen von *Erstlings-* oder *2jährigen* Bachen, dann von *3jährigen* und *alten* Bachen, je nachdem sie Frischlinge haben, von *führenden, hochbeschlagenen* und *Gelt*bachen.

Die Keiler heißen in dem auf das Überläuferalter folgenden Jahr 2jähriger Keiler, in nächsten 3jähriger Keiler, wobei also der im Januar geschossene 3jährige Keiler in Wirklichkeit 3¾ Jahre alt ist. Hier ist man besonders gern zum Vorpatentieren geneigt.

Vom vollendeten 4. Jahr ab steht dem Keiler der Ehrenname Schwein zu. Leider hört man diesen Ausdruck in Gegenden, wo das Schwarzwild nicht so häufig ist, oft mißbrauchen, und es sträuben sich dem in der Waidmannssprache erzogenen Jäger die Haare auf dem Kopf und die Borsten auf dem Kamm, wenn man erfährt, es wäre auf „Schweine“ getrieben worden, oder die „Schweine“ kämen jede Nacht in die Kartoffeln. Also wohlgemerkt, mit *Schwein* darf nur der über 4jährige Keiler angeredet werden.

Dieser heißt dann *angehendes* Schwein, nach Vollendung des fünften Lebensjahres wird er zum *hauenden* Schwein, und ist er volle sieben Jahre, so bekommt er den höchsten Ehrentitel eines *Hauptschweines.* So schreiben es jedenfalls die alten Jagdklassiker vor, und so wird es auch deren Enkeln gelehrt. Entschieden ist auch der Ausdruck „Hauptschwein“ schöner und ansprechender als z. B. „Kapitalhirsch“. Auch die Bezeichnungen angehendes und hauendes Schwein sind bildvoll und packend.

Trotzdem sind sie ein wenig theoretisch und finden hauptsächlich in der schriftlichen Waidmannssprache Verwendung. Das klingt vielleicht ketzerisch, ist aber in der Praxis so.

Da fuhr neben Dir auf dem Stand ein mächtiger schwarzer Kasten über die Schneise, so schnell, daß Du Deine Kugel nicht los wurdest. War es eine grobe Geltbache, war es ein hauendes

Schwein oder gar ein Hauptschwein? Du weißt nur, daß es sicher eine ganz grobe Sau war. Auch wenn Du den Pinsel oder die Gewehre ansprechen konntest, kannst Du doch nicht aussagen, ob Du ein angehendes oder ein hauendes Schwein vor Dir hattest. Selbst auf der Strecke weißt Du noch nicht mit Sicherheit, als was Du das Stück ansprechen sollst, und wenn Du drei Leute fragst, bekommst Du vier verschiedene Antworten zu hören. Ja, sogar wenn Du den ganzen Schädel an das Institut für Jagdkunde einschickst, wird es Dir einen Spielraum von einigen Jahren angeben, z. b. 6 – 8 Jahre, und Du weißt noch immer nicht, ob Du ein hauendes oder Hauptschwein erlegt hast.

So hilft sich die Praxis allein und spricht von einem *guten* oder *starken* Keiler, ganz *groben* Keiler, ja auch *kapitalen* Keiler und läßt nur als besonderen Ehrennahmen das *Hauptschwein* gelten. Hier sind wir mit unseren Altvorderen ganz einig, daß wir hierunter nur einen wirklich ausgewachsenen alten Bassen von mindestens sieben Jahren verstehen. Die Waffen geben den Ausschlag. Ein Schwein von drei Zentnern mit auffallend geringen Gewehren ist kein Hauptschwein, aber Hauptschweine von 160 bis 180 Pfund habe ich schon gesehen.

Die Geringeren versucht man nach dem Alter zu bezeichnen und spricht von 4jährigen und 6jährigen Keilern, obgleich man sich klar ist, daß dies meist Vermutungen und rohe Schätzungen sind; denn die Zahnkunde ist bei den Sauen noch nicht soweit fortgeschritten wie bei Hirsch und Reh. Man ist darauf angewiesen, sich an die Gewehre zu halten, und bei dem im Verhältnis zu Geweihen und Gehörnen sehr geringen Vergleichsmaterial haben nur wenige Jäger die Möglichkeit, sich ein richtiges Bild von der Entwicklung der Waffen zu machen, und daher die Übung, richtig zu schätzen.

Zahnkunde

Mit der Zahnkunde brauchen wir uns nur kurz zu beschäftigen, weil sie nicht die Bedeutung hat, wie bei unsern Cerviden.

Den Frischling können wir mit Sicherheit bis zum vollendeten ersten Jahr ansprechen auch ohne Gebiß. Wenn wir erfahren, daß der Überläufer im Alter von etwa einem Jahr mit dem Wechseln der äußeren Milchschneidezähne beginnt, 2 Monate später das innere Paar ersetzt und zwischen Oktober und Weihnachten das mittlere Paar wechselt, so wissen wir genug, um die Überläuferbache von der 2jährigen zu unterscheiden, worüber uns im übrigen auch der Zustand der Haken Auskunft gibt; denn die Milchhaken fallen mit etwa einem Jahr aus und werden durch die Dauerhaken ersetzt. Sie sind bei der älteren Bache natürlich entsprechend stärker als beim Überläufer. Die Oberhaken der Bachen haben eine plattgedrückte Form und bilden auch mit den Haken im Unterkiefer Schleifflächen. Mit 2 Jahren ist der Zahnwechsel beendet, und nun gibt nur noch der Grad der Abnützung einen groben Anhalt für das Alter.

Es kann aber doch unter anderem für Schwarzwildringe z. B. oder auf Grund gesetzlicher Vorschriften wichtig und notwendig sein, das genaue Alter der erlegten Sauen bis zu 2 Jahren auf den Monat genau festzustellen.

Ich bringe daher eine Übersicht über die Entwicklung der Schneidezähne bis zur Vollendung des Dauergebisses, die Oberforstmeister Raschke in Nr. 9 vom 23. 7. 72 in Wild und Hund veröffentlicht hat.

Trotzdem meine ich, daß man den gerade 24 Monate alten Überläufer vom über 2jährigen an der Entwicklung der Gewehre bzw. der Haken einwandfrei unterscheiden kann.

Alter

a. 3–4 Monate

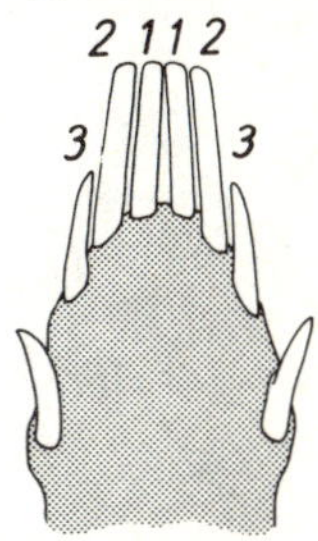

a. *Alter 3 bis 4 Monate* (Milchgebiß); 6 *Schneidezähne*, lang und schmal, die vier mittleren sind 4 bis 5 mm breit, die zwei äußeren kurz und stiftförmig (dahinter „Milchhaken"), beiderseits je *drei Backenzähne*; der 3. (letzte) Backenzahn ist dreiteilig (vgl. Rehwild) *Anmerkung:* Zwischen diesen Backenzähnen und den Gewehren bzw. Haken kann ab 5. Monat noch ein einzelner kleiner Backenzahn wachsen, der eigentliche 1., der jedoch oft fehlt und hier außer acht bleiben soll.

b. 6–8 Monate
(ohne Abb.)

b. *6 bis 8 Monate* (noch Milchgebiß); dazu kommt jetzt der 4. Backenzahn (= Dauerzahn), also *sechs Schneidezähne* wie oben a. und beiderseits je vier *Backenzähne*, der 3. (vorletzte) ist dreiteilig.

c. ca. 12 Monate

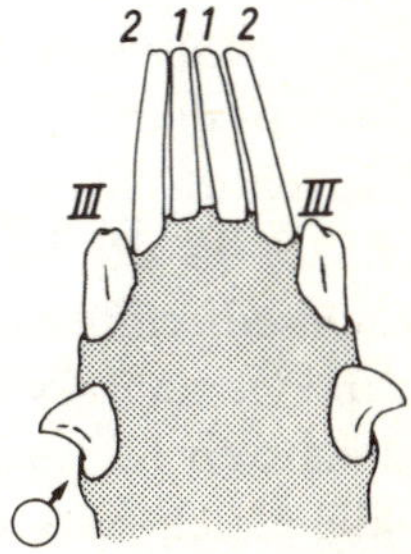

c. *Etwa 12 Monate.* Zahnwechsel, teils Milch-, teils Dauergebiß: (arabische Zahlen = Milchzähne, römische Zahlen = bleibende Zähne) *Schneidezähne.* Die beiden äußeren wurden gewechselt (jederseits der 3.), sind nicht mehr stiftförmig; die vier mittleren noch wie oben. *Backenzähne* wie bei b., jedoch die drei Milchzähne schon stark abgenutzt (vgl. 1jähriges Reh); der 2. Dauerbackenzahn bricht mit etwa 13 Monaten durch. Im 10. bis

12. Monat brechen beim Keiler die Gewehre (bei der Bache die Haken) durch – die sich anfangs ähneln.

Alter

d. ca. 15 Monate

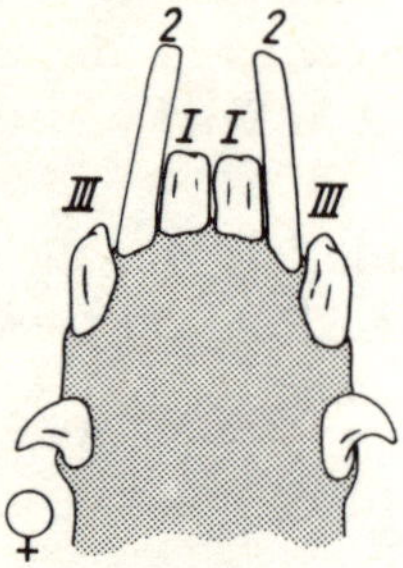

e. 17–18 Monate

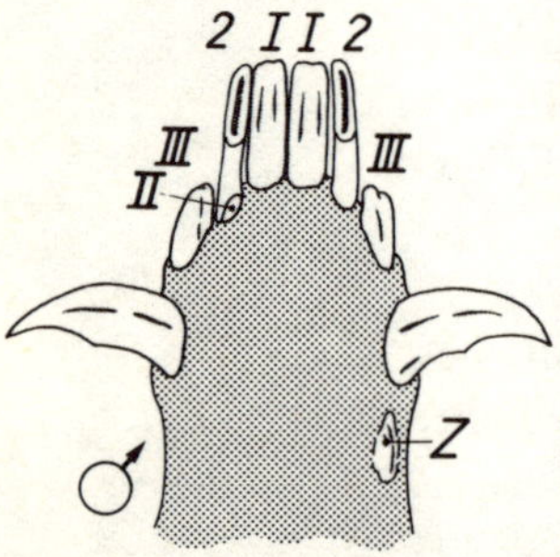

d. *Etwa 15 Monate.* Zahnwechsel fortgeschritten. *Schneidezähne* in der Front ungleich hoch; die beiden mittleren (I) sind noch kürzer, aber breiter (6 bis 7 mm); es sind die nachwachsenden Dauerzähne. Nur die beiden nächsten (2) sind noch Milchzähne, länger und schmaler (U-Bogen).

Backenzähne: Die drei Milchzähne a. werden gewechselt; der dreiteilige wird durch einen zweiteiligen ersetzt; dahinter noch zwei Dauerzähne. Siehe Anmerkung bei a.

e. *17 bis 18 Monate. Schneidezähne.* Die beiden mittleren (I) ausgewachsen, Zahnfront wieder gleich hoch. Aber – im Unterschied zu g: Die äußeren sind noch Milchzähne (2), schmaler (von unten besser zu sehen) und innen (also von oben gesehen) auf gut halber Länge so stark abgeschliffen, daß der braune Kern sichtbar ist. Ggf. gucken am Zahngrund (innen) schon die Spitzen der nachwachsenden Dauerzähne (II) aus dem Kieferknochen.

Backenzähne sind alle gewechselt, kein dreiteiliger mehr. Der Durchbruch des letzten Dauerbackenzahns ist im (abgekochten) Unterkiefer deutlich zu erkennen.

Eckzähne. Die Gewehre können schon über 4 cm aus dem Kiefer herausragen – bei 25 bis 30 mm Anschliff!

f. 19–20 Monate

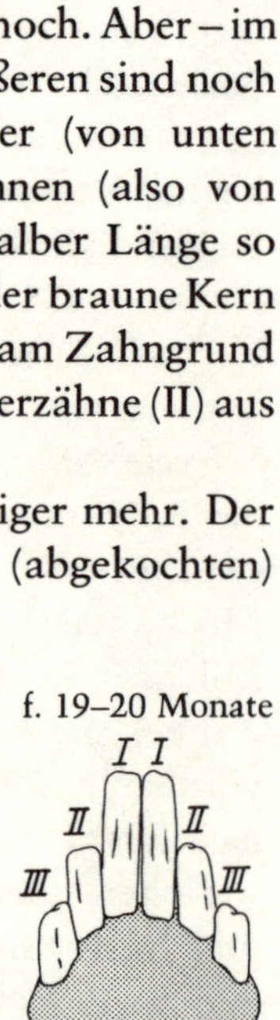

f. *19 bis 20 Monate.* Zahnwechsel fast beendet. *Schneidezähne* umgekehrt wie bei d.: Die ersten sind jetzt ausgewachsen und am längsten, die beiden nächsten (2) sind gewechselt und wachsen noch; alle gleich breit (Schneidezahnfront spitzbogig).

Backenzähne wie bei e.: fünf sind voll ausgewachsen, die drei vorderen (Prämolaren) heller, keilförmig, die beiden nächsten (Molaren) braun, breit, zerklüftet; der dritte Molar (= der letzte Backenzahn) bricht durch.

g. 22–24 Monate

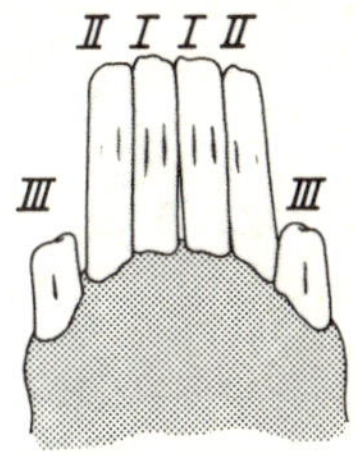

g. *22 bis 24 Monate. Schneidezähne* alle ausgewachsen, die vier vorderen etwa gleich hoch; Schneidezahnfront fast gerade. Zähne II kaum angeschliffen. *Backenzähne:* Der letzte (6.) Dauerbackenzahn wächst; er ist der weitaus größte. Mit dem vollendeten zweiten Lebensjahr ist das Dauergebiß dann vollständig.

Viel mehr interessiert uns die Entwicklung der Gewehre beim Keiler, und hierüber wollen wir uns ruhig gründlich unterhalten.

Die Gewehre

Im Alter von etwa einem Jahr fallen dem Frischling bzw. dem Überläufer die kleinen Milcheckzähnchen aus, die die Form kleiner Stifte haben, und die Dauereckzähne, die Gewehre, fangen an durchzubrechen. Sie liegen schon vorher wohlverwahrt in der Höhlung des Unterkiefers und harren ihrer Stunde. Bei einem auf der Wildjagd durch das Gebrech, genauer den Unterkiefer, geschossenen Frischling, der damals knapp ¾ Jahr alt sein mochte, fanden wir auf dem Anschuß das vollkommen unversehrte Gewehrchen, etwa 4–5 cm lang und an seiner Hinterseite 1 cm breit, das das Geschoß aus dem Kiefer herausgerissen hatte. Ein Vierteljahr später schiebt dieser Dauereckzahn nun seinen kleinen Vorgänger beiseite, bis dieser ausfällt. Ist er erst durchgebrochen, so wächst er verhältnismäßig schnell weiter, bis er nach einigen Monaten Fühlung mit dem aus dem Oberkiefer kommenden Haderer bekommt, der um dieselbe Zeit durchgebrochen ist. Nun beginnt der Haderer seine Aufgabe, dem Gewehr als Schleifstein zu dienen und durch ständiges Wetzen, bei jeder Bewegung der Kiefer, es dauernd scharf und schneidend zu halten.

Sehen wir uns solch ein Keilergewehr überhaupt erst einmal

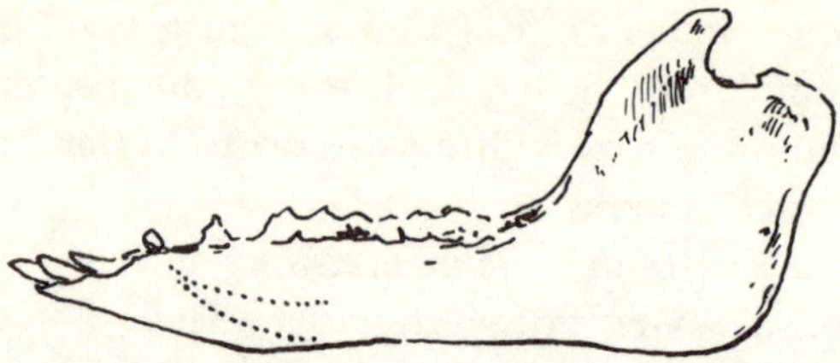

Dauereckzahn vor dem Durchbrechen

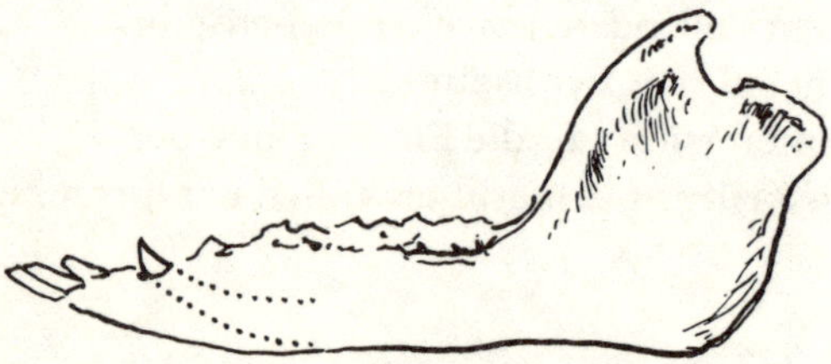

Gewehr eines Überläufers, 1¼ Jahr alt (soeben durchgebrochen)

näher an: Es ist ein mehr oder weniger halbkreisförmiges, mit Schmelz überzogenes Zahngebilde von dreieckigem Querschnitt. Es ist also gewissermaßen aus drei Seitenteilen zusammengesetzt. Die breiteste Seite zeigt eine Wölbung nach außen und bildet mit der zweiten etwas schmaleren Seite im Innenbogen der Krümmung eine spitzwinklige Kante. Diese beiden Seiten werden durch eine schmale Leiste miteinander verbunden.

Die Kante der Innenkrümmung ist nun in ihrem vorderen Drittel bis Viertel schräg abgeschliffen, wodurch das Gewehr in diesem Teil seine spitze, dolchartig gekrümmte Form erhält. Durch die Schleifflächen führt von der unteren Ecke zur Spitze ein feiner dunkler Strich, der die Naht bezeichnet, wo die beiden Seitenwände des Gewehrs zusammengewachsen sind. Etwas unterhalb der Schleifecke führt schräg über die breite Seite des Gewehrs ein dunkler Streifen, der angibt, wie weit dieses aus dem Zahnfleisch herausragte.

Vor allem aber fällt uns auf, daß das Gewehr, soweit es im Kiefer steckt, also zu ⅔ seiner Länge, hohl ist und sich erst vorn zu einer festen Zahnbeinmasse verdichtet. An seinem hinteren offenen Ende dagegen ist es dünn wie Papier. Auch sehen wir besonders auf der hinteren Hälfte sonderbare querlaufende Bänder oder Schichtlinien, ähnlich den Jahresringen an einem Baum.

So ist das Keilergewehr ein ganz sonderbares Ding, das sich mit den Eckzähnen anderer Tiere nicht vergleichen läßt. Es ist kein Dauerzahn wie etwa der Eckzahn der Raubtiere, der bis zu einer bestimmten Größe wächst, dann seine Form behält und nur durch Alter und Gebrauch abgenutzt wird.

Die Keilergewehre kann man etwa mit den Schneidezähnen der Nagetiere vergleichen. Auch bei diesen wachsen die Nagezähne dauernd nach und werden durch den gegenseitigen Schliff in bestimmter Länge gehalten.

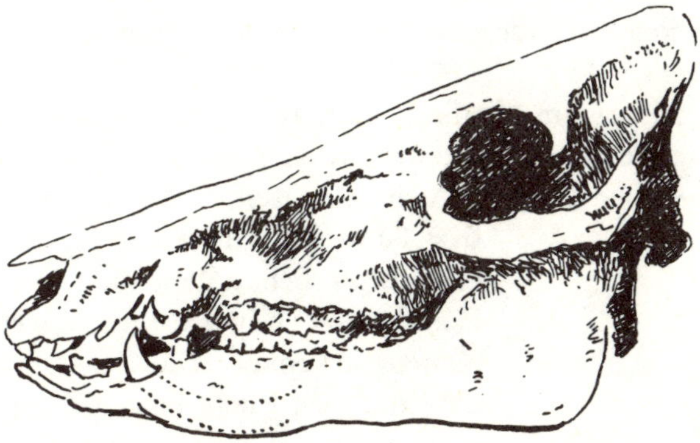

Sitz des Gewehrs im Unterkiefer

Ebenso hören die Gewehre, solange das Stück lebt, mit dem Wachstum nicht auf, dauernd wird hinten an den offenen Enden neue Zahnmasse gebildet, die zunächst, wie wir sehen können, papierdünn ist und sich nach vorn zu verstärkt. Daher auch die Schichtringe. Zugleich wird der ganze Zahn nach vorn geschoben, seine Länge aber durch die Arbeit der Haderer reguliert. Geht ein Haderer durch Schuß oder Unglücksfall verloren, so findet das Gewehr keinen Widerstand und wächst ungehindert weiter, bis es sich mit der Spitze schließlich rückwärts in die Schwarte des Kopfes bohrt. Man hat Keiler verendet und verhungert gefunden, denen nach Verlust beider Haderer die Gewehre wie Gamskrickel so fest in den Oberkiefer gewachsen waren, daß sie das Gebrech nicht mehr öffnen konnten.

Die Haderer treten, etwas weiter zurückliegend als die Gewehre, aus einem Knochenwulst des Oberkiefers heraus. Auch sie sind innen hohl und werden ebenso gebildet und nachgeschoben wie die Gewehre. Sie sind zunächst kegelförmig mit breiter Basis und wachsen schräg nach außen und unten den Gewehren entgegen. Bald machen sie aber eine Biegung nach oben, bis sie parallel mit den Gewehren laufen und nun vorn gegen die Rückseite der Gewehre wetzen. Das zu Tage tretende Zahnbein ist dunkelbraun, und auch der Schmelz an den Spitzen zeigt eine schwarz polierte Färbung. Findet der Haderer infolge Verlust des zugehörigen Gewehres keinen Widerstand mehr, so wächst er im Bogen nach oben weiter.

Wenn man einem Neuling ein paar mit den Spitzen nach oben aufgesetzte Gewehre zeigt, so wird er meistens glauben, daß das links aufgesetzte Gewehr auch beim Keiler im linken Unterkiefer sitzt, und er wundert sich, daß erfahrene Jäger behaupten, man könne auch bei starken Keilern die Gewehre fast niemals erkennen. Diese fast 3 cm breiten und erheblich langen Dinger *muß* man doch sehen können! Er ist aber im Irrtum. Denn das linke aufgesetzte Gewehr ist tatsächlich das rechte. Auch ragt es, außer bei schlecht und irreführend ausgestopften Keilerköpfen, nicht so weit aus dem Unterkiefer heraus, wie der Laie annehmen möchte. Doch ist der Betrug bei den Köpfen mit zu weit herausgezogenen Gewehren leicht festzustellen, da die Schleifecken dann weit draußen sitzen, während die sich in Wirklichkeit dicht über dem Zahnfleisch befinden.

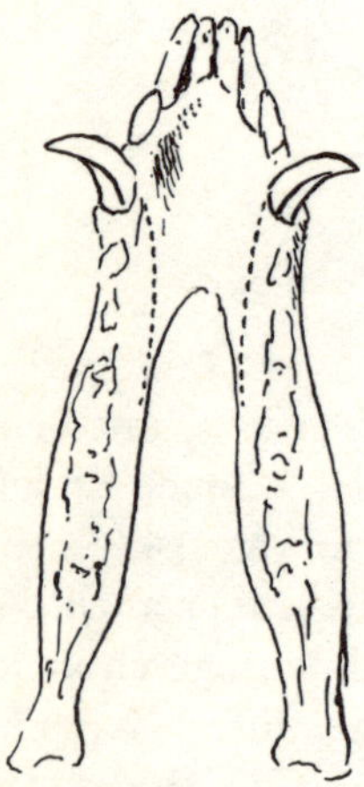

Unterkiefer (von oben gesehen)

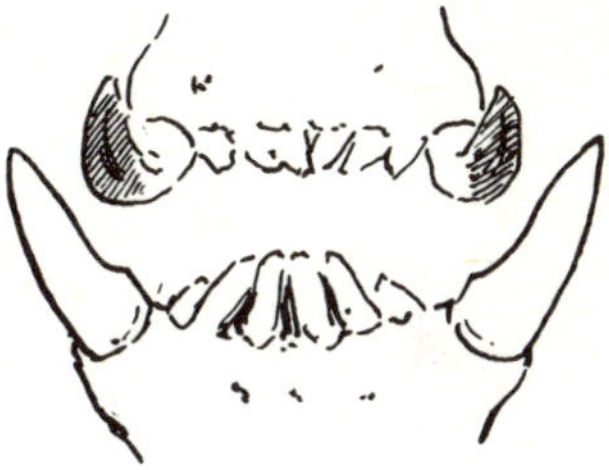

Starke Waffen
(von vorn gesehen)

Betrachtet man den frisch abgekochten Unterkiefer eines starken Keilers, so fällt es auf, wie wenig von den Gewehren zu sehen ist. Fast zwei Drittel davon, der ganze hohle Teil, steckt im Kiefer und zwar so, daß die schmale Seite nach außen zeigt. Dabei hat das Gewehr in seinem sichtbaren Teil eine kleine Drehung nach außen. Die scharfe Schneide sitzt an der Innenseite der Schleiffläche, und die Breite der Gewehre sieht man nur spitz von vorn.

Die Stärke der Gewehre ist also abhängig von der Ausdehnung der Zahnhöhle, in der sie eingebettet liegen, und der Begrenzung durch den Schliff der Haderer. Daher geht das Wachstum auch mit einer gewissen Gleichmäßigkeit vor sich, so daß man aus der Entwicklung der Gewehre auf das Alter schließen kann. Es ist nicht so wie beim Gehörn oder Geweih, das sich frei auf dem Kopf entwickelt und unter besonders günstigen Umständen schon im jugendlichen Alter seines Trägers besonders stark sein kann. Dies ist beim Keiler unmöglich, denn nur in dem Maße, wie die Kieferknochen wachsen, kann sich das Gewehr in der Kieferhöhle ausdehnen, länger und breiter werden. Die Art der Stellung zu den Haderern und deren allmähliche Biegung nach oben bringt es mit sich, daß auch der sichtbare Teil nur allmählich länger wird.

Nun geben zwar die absoluten Längen- und Breitenmaße noch keinen Anhalt für das Alter des Stückes. Wir haben in Deutschland verschiedene Schwarzwildschläge mit mehr oder weniger Veranlagung zur Bildung starker Gewehre. Diese hängt aber zum größten Teil mit der Wildbretstärke zusammen, denn in einem großen Kopf haben naturgemäß die Gewehre mehr Platz als in einem kleineren und können daher stärker werden.

Aber einen Maßstab haben wir, den wir mit Sicherheit zur Altersbestimmung heranziehen können und auf den Dr. Jaerisch zum erstenmal im jagdlichen Schrifttum hingewiesen hat. Wir finden nämlich bei jüngeren Keilern die Gewehre nach vorn verjüngt, d. h. sie sind an der breiten Seite gemessen vorn beim

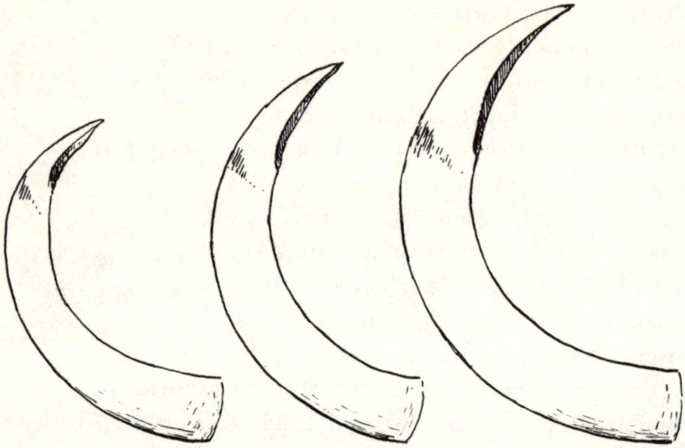

2½ jährig *4 jährig* *über 6 jährig*

Formen der Gewehre in verschiedenem Alter

Austritt aus dem Zahnfleisch einige Millimeter schmaler als am offenen Ende, während sie beim alten Keiler vorn und hinten gleich breit sind.

Die Erklärung hierfür ist nicht schwer, wo wir jetzt wissen, wie das Gewehr gebildet wird und sich dauernd ergänzt. Beim Überläufer, dem gerade der Dauerzahn durchgebrochen ist, beträgt die Breite an der Austrittsstelle vielleicht 2 mm. Das Ende ist aber bereits 12 mm breit. Nach etwa einem halben Jahr ist dieses nach vorn geschoben worden und tritt nun in der Breite von 12 mm nach außen, während die inzwischen neu gebildete Zahnmasse infolge der größeren Ausdehnung des Kiefers etwas länger geworden ist und nun schon am Ende 17 mm breit ist. So geht es weiter, mit einem Verhältnis 17:20, 20:23, 23:24, bei gleichzeitiger Verlängerung des unsichtbaren Teiles, bis der Keiler voll ausgewachsen ist und nun auch die Kieferhöhle nicht mehr an Ausdehnung zunimmt. Jetzt wird die Zahnmasse immer in gleicher Breite neu gebildet und nachgeschoben, und daher ist auch das Gewehr vorn und hinten gleich breit. Es spielt daher keine Rolle für das Alter, ob die Gewehre nun 23 oder 30 mm breit und 20 oder 23 cm lang sind. Das ist lediglich eine Sache der Veranlagung und der Rasse.

Mit dem Alter hat es nichts zu tun. Da nun das Wachstum in der Jugend am stärksten ist und allmählich abflaut, so ist das Verhältnis der beiden Zahlen um so größer, je jünger das Stück ist, und wird mit den Jahren immer geringer, bis es auf 1:1 angekommen ist. Heute wird diese Entwicklung mit einer Formzahl gezeigt, die sich aus der Division des Durchmessers an der Wurzel durch den Durchmesser an der Schleifecke ergibt und die sich von 1,8 beim Überläufer auf 1,0 beim Hauptschwein verringert.

Es fragt sich nun bloß, wann der Keiler voll ausgewachsen ist. Solange wir mit der Zahnlehre noch nicht soweit sind wie beim Reh- und Rotwild, können wir es mit Sicherheit nicht angeben. Wir können aber wohl mit einiger Berechtigung vermuten, daß dies nicht vor dem 6. Jahr der Fall sein wird.

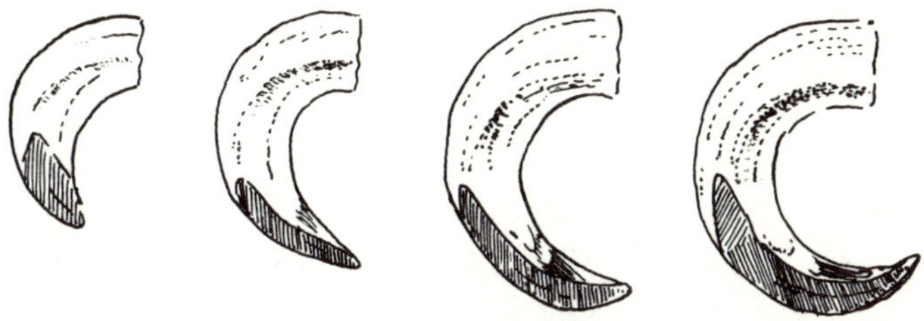

2½jährig *4jährig* *5jährig* *über 6jährig*

Formen der Haderer in verschiedenem Alter

Einen guten Anhalt für die Altersbestimmungen bieten auch die Haderer. Sie haben beim jungen Stück eine ausgesprochen pyramidenförmige Gestalt mit wenig Krümmung und kurzer Schleiffläche. Mit der Zeit werden sie immer krummer, und die lange in eine Spitze auslaufende Schleiffläche bekommt jenen typischen „Dreh", der an den schönen altbekannten Wachtmeisterbart der Vorkriegszeit erinnert. An dem Vorhandensein dieses Schwunges kann man in Verbindung mit den Gewehren auf einen wirklich alten Bassen, ein Hauptschwein schließen.

Anschließend möchte ich die Maße für einige Keiler angeben, die alle von mir in demselben Revier geschossen sind. Man kann daher wohl annehmen, daß sie alle demselben Schlage angehören. Auf die angegebenen Gewichte wollen wir hier noch nicht näher eingehen.

Die Aufstellung soll nur zeigen, daß die von mir berührte Verhältniszahl von Breite an der Wurzel zu Breite an der Austrittsstelle auch gut zu den übrigen Maßen paßt. Wir sehen mit ihrem Sinken die Maße für die Schleiffläche und die Gesamtlänge steigen. In anderen Gegenden werden die für die einzelnen Altersklassen zutreffenden Maße nach oben oder nach unten abweichen. Öfter wahrscheinlich nach unten, denn Hinterpommern hatte den Ruf, einen für Deutschland starken Schlag Schwarzwild mit guten Gewehren zu besitzen. Das zuletzt aufgeführte Hauptschwein war zwar auch für unsere Gegend kapital, doch kommen überall in Deutschland gelegentlich stärkere Bassen vor.

Lfd. Nr.	Länge im Außenbogen cm	Breite an der Wurzel mm	Breite an der Austrittsstelle mm	Schleiffläche mm	Abschußmonat	Gewicht Pfd.	Geschätztes Alter
1.	11	17	12	15	X	110	1½
2.	14,2	22	16	30	II	110	2¾
3.	14,3	22	18	33	XI	145	2½
4.	14,5	20	15	30	I	160	2¾
5.	14,5	21	18	35	VIII	140	2½
6.	17,2	23	21	36	XII	225	3¾
7.	17,5	24	23	48	II	185	5
8.	18,0	25	24	55	VI	215	5¼
9.	18,0	24	23	55	VIII	200	über 5
10.	21,0	26	25	55	X	210?	über 6
11.	22,5	24	24	65	XI	281	über 7

Als ich vor Jahren zu einem Vortrag bei der Bremer Jägervereinigung die Waffen dieses Keilers mitgenommen hatte, konnte ich sie mit einem in der Nähe von Bremen kurz vorher gestreckten Bassen vergleichen. Dieser wirkte gegen den Pommern wie ein Kind. Die Gewehre waren, wenn ich mich recht entsinne, nur 16 cm lang. Trotzdem war es ein Hauptschwein, wie es im Buch steht, obgleich es nur 180 Pfund gewogen hatte. Die Gewehre waren fast

3 cm breit und die Haderer klobig. Es war überhaupt wohl einer der ältesten Keiler, die ich je gesehen habe, denn die Backenzähne waren abgeschliffen wie bei einem uralten Bock. Ich schätzte ihn auf ungefähr 12 Jahre. Doch sind ja, wie schon erwähnt, unsere Altersbestimmungen beim Schwarzwild ganz vage Vermutungen. Wir wissen nicht, wie alt ein Keiler werden kann. Die meisten überheben uns ja auch dieser Sorge, indem sie vorher totgeschossen werden.

Das Ansprechen der lebenden Keiler nach den Gewehren ist äußerst schwierig, da man, wie wir gehört haben, die Gewehre auch bei günstigen Verhältnissen meist nicht sieht. Auch auf der Strecke gehört schon einige Übung dazu. Neulinge sind meist enttäuscht, denn nach der Stärke des Stückes hätten sie mehr erwartet. Sie bedenken nicht, daß man nur die schmale Seite sieht und der größte Teil im Kiefer sitzt. Genau wird man die Gewehre sicher erst nach dem Herausnehmen ansprechen können, aber einen guten Anhalt bieten doch schon die Form der Haderer und die Länge des Abschliffs. Als ganz groben Anhalt kann man rechnen, daß jeder Zentimeter Schleiffläche etwa 1 Jahr bedeutet. Bei jüngeren Keilern kann manchmal der Abschliff ein höheres Alter vortäuschen, bei älteren umgekehrt. Das kommt auf die Stellung der Haderer zu den Gewehren an, die nicht bei allen Stücken gleich ist. Doch geben ja auch die Haderer einen Anhalt für das Alter. Bei 7 cm liegt wohl im allgemeinen die Höchstgrenze. Auch bei ganz alten Keilern werden die Gewehre und damit die Schleiffläche nicht mehr länger.

Da die Waffen nicht zum Zierat da sind, sondern täglich benutzt werden, so sind sie bei älteren Keilern oft beschädigt, abgebrochen oder angesplittert, sehr zum Leidwesen des glücklichen Erlegers. Meist sind solche Verletzungen frisch. Denn wenn nicht *gleichzeitig* Gewehr und Haderer derselben Seite abgebrochen sind, so hat die Natur durch das ständige Nachwachsen der Zähne und das Wetzen dafür gesorgt, daß der Schaden ausgeglichen wird und das Gewehr bald wieder seine scharfe dolchartige Form erhält.

Gewichte

Bei keiner Wildart schwanken die Gewichte so wie gerade bei den Sauen. In den Ardennen und der Normandie habe ich Hauptschweine von 180 Pfund und führende Bachen von 70 Pfund gesehen. In den Karpaten bringt es ein Keiler auf 5–6 Zentner. In Deutschland liegen die Gewichte mehr in der Mitte, wenn sich auch für die einzelnen Gegenden Unterschiede ergeben. Aber auch in demselben engeren Bezirk wechseln die Gewichte innerhalb der Rasse und je nach der Jahreszeit.

So ist es schwierig, einigermaßen zutreffende Durchschnittszahlen anzugeben. Ich möchte mich daher darauf beschränken, die mir am meisten geläufigen Gewichte aus Pommern anzuführen, und muß den Leser bitten, je nach der Stärke seines Schwarzwildschlages die Zahlen zu erhöhen oder herunterzusetzen.

Frischlinge pflegt man selbst bei größter „Fleischnot" oder schlimmstem Wildschaden nicht früher als Ende August zu schießen, um sich dann, damit es wenigstens lohnt, einen besonders starken auszusuchen. Sie wiegen um diese Zeit etwa 30 Pfund, und es ist eigentlich schade darum.

Einmal schoß im August ein Gast meines Vaters, den ich führte, da er nur einen Abend Zeit hatte und nicht ohne Beute abfahren wollte, einen Frischling. Der Einfachheit halber brach ich ihn gleich auf und trug ihn im Rucksack eine Stunde nach Hause. Er kam mir unverschämt schwer vor, weshalb ich ihn wog. Er holte 60 Pfund, im August! In der Hirschbrunft wiegen Frischlinge gegen 40 Pfund und bei den Winterjagden 50 bis 70 Pfund. Ausgesprochen schwache und späte natürlich weniger. Ich habe auch schon solche von 20 Pfund erlebt, die die Treiber wie die Hasen am Hinterlauf trugen. Doch habe ich schon zu Neujahr einen Frischlingskeiler von 94 Pfund erlegt.

Wenn solche Unterschiede schon bei den Frischlingen bestehen, kann man sich denken, daß es bei den älteren Sauen nicht viel anders aussehen wird. So habe ich im Sommer Überläufer von 50 bis 120 Pfund geschossen. Im Winter wiegt ein normaler Überläufer zwischen 100 und 140 Pfund. Zweijährige Sauen, im Winter also 2½–2¾ Jahr alt, haben etwa 140 bis 170 Pfund. In diesem

Alter sind die Keiler schon meist schwerer als die Bachen, die dann ja auch in der Regel führen und mit Absicht nicht geschossen werden. Alte Bachen erreichen aber überhaupt nicht das Gewicht von Keilern. Ich entsinne mich nicht, je eine über 2 Ztr. gesehen zu haben, und habe schon manche Wette damit gewonnen. Sieht solch alte weiße Geltbache auch noch so urig aus, sie ist doch verhältnismäßig leicht und bringt es selten über 165 – 180 Pfund.

Ältere Keiler werden natürlich wesentlich schwerer. Doch galt auch bei uns ein Gewicht von über 2 Zentner schon als gut. 250 Pfund sind schon sehr anständig, und darüber bringen es nur wenige, meist natürlich, weil sie vorher totgeschossen werden. Über 275 Pfund gilt schon als etwas ganz Besonderes, und einen Keiler von über 3 Zentner habe ich persönlich noch nicht erlebt. Man liest und hört aber, ohne an der Wahrheit zweifeln zu brauchen, von Gewichten von 350 Pfund, ja bis zu 4 Zentner. Das sind dann aber solche Seltenheiten, daß sich die Erleger meist im vollen Kriegsschmuck mit dem Indizium in einer Jagdzeitung abbilden lassen. Ich glaube aber, daß fast überall in Westdeutschland die Durchschnittsgewichte erheblich niedriger liegen. Im Dezember – Januar gelten Frischlinge von 30 bis 40 Pfund und Überläufer von 60 bis 70 Pfund als ganz normal stark, ebenso 2 bis 3jährige Keiler von 150 bis 170 Pfund. Keiler über 2 Zentner gehören schon zu den Seltenheiten.

Im übrigen steht fest, daß nirgends so gelogen wird wie bei den Gewichten von Sauen. Entweder wird überhaupt übertrieben oder die Stücke werden unaufgebrochen gewogen, während wir selbstverständlich immer vom aufgebrochenen Gewicht sprechen. Anläßlich der DJV-Hauptversammlung 1980 in Lüneburg wurden auf einer Trophäenschau 27 Waffen alter starker Keiler als Erfolg der bereits oben erwähnten Hegebemühungen des Lüneburger Modells ausgestellt. Es waren durch die Bank Hauptschweine, also mindestens 7 Jahre oder älter. Die angegebenen Gewichte – während dieser Aufbauphase natürlich exakt und unter Zeugen ermittelt – lagen zwischen 78 kg und 196 kg. Das für einen sicher sehr schweren am 4. Sept. 1980 geschossenen Keiler mittels Fuhrwerkswaage ermittelte Gewicht von 258 kg ist von Fachleuten allerdings skeptisch beurteilt worden.

Wir sehen auch hier, daß das Gewicht aber überhaupt keinen Maßstab für das Alter oder die Stärke der Sau gibt.

Schon die Frischlinge einer Rotte entwickeln sich, je nach der Anlage, die sie mitbekommen haben, und dem Milchreichtum des Striches am Gesäuge, den sie sich erkämpft haben, ganz verschieden. Auch spät gesetzte Frischlinge und solche, die ihre Mutter frühzeitig verloren haben, bleiben mit Sicherheit schwächer. Dazu kommt noch, daß ein großer Teil der Sauen alte Schüsse hat, an deren Folgen sie mehr oder weniger in der Entwicklung zurückbleiben. So kann es kommen, daß ein 3½jähriger Keiler, der eine günstige Entwicklung genossen hat, nach einer guten Eichelmast seine 250 Pfund holt, während sein Vater, ein alter Basse von 8 Jahren, infolge mehrerer Posten auf der Schwarte und eines ekligen Keulenschusses nach der Rauschzeit nur 160 Pfund wiegt. Trotzdem bleibt der erste ein dreijähriger, von dem man sich knapp die Gewehre aufhebt, und der andere ist ein wirkliches Hauptschwein.

Ich bestreite daher ganz entschieden das Märchen von den „Hauptschweinen mit erstaunlich geringen Gewehren“ und den „jungen Keilern mit erstaunlich starken Gewehren, die eine fabelhafte Veranlagung haben“. Allein den Ausschlag gibt die Stärke der Waffen. Das Gewicht ist zu vielen Zufällen unterworfen.

Das Schätzen des Gewichtes fällt der Mehrzahl der Jäger schwer. In den meisten Fällen wird das Gewicht ganz erheblich überschätzt. Ein Überläufer, der wie 150 Pfund aussieht, wiegt sicher nur 1 Zentner, und bei stärkeren Sauen bleibt es so bei. Diese Erfahrung habe ich immer wieder gemacht. Auch Leute, die zahme Schweine schätzen können, tippen immer zu hoch. Sie bedenken erstens nicht, daß man die Sauen aufgebrochen rechnet, und zweitens, daß sie im Verhältnis viel leichter sind. Ein Überläufer von 110 Pfund entspricht in Größe und Maßen etwa einem Edelschwein in Zuchtkondition von 220 Pfund.

Genaue Maße für die einzelnen Altersklassen anzugeben, ist kaum möglich, da die Unterschiede infolge der ungleichmäßigen Entwicklung schon in demselben Revier stark schwanken, um so mehr natürlich in verschiedenen Gegenden. Doch ist man leicht geneigt, besonders im Winter die *Höhe* zu überschätzen.

Findet man hinter dem Anschuß den Einschlag des Geschosses und stellt man durch Anvisieren die Höhe fest, die die Kugel an der Stelle hatte, wo das Stück stand, so wird man vielfach den Eindruck haben, die Sau könne unmöglich überschossen sein. Es ist aber doch so, denn die Sauen sind eben viel niedriger, als sie wirken. Deshalb empfiehlt es sich für den Jäger, der den Handstock beim Pürschen führt, sich nach den Maßen der betreffenden Gegend die Höhe eines Frischlings, eines Überläufers und einer groben Sau einzukerben, damit man für solche Fälle einen Anhalt hat. Da ich beim Pürschen keinen Stock führte, habe ich diesen Trick noch nicht anwenden können, obgleich ich ihn schon bei anderen gesehen habe. Nur meinen stärksten Keiler von 281 Pfund, den ich oben erwähnte, habe ich gemessen und mir die Maße auf meinen Bücherschrank übertragen. Deshalb kann ich sie genau angeben. Er war auf dem Widerrist mit heruntergedrückten Kammborsten gemessen 107 cm hoch und vom Wurf bis zum Pürzelansatz 170 cm lang. Er war im Verhältnis zur Höhe ziemlich kurz. Jedenfalls ein Hauptschwein in jeder Beziehung.

Sinne

Von den Sinnen des Schwarzwildes ist das *Gesicht* zweifellos am schlechtesten ausgebildet. Hierauf lassen schon die verhältnismäßig kleinen Lichter schließen. Man kann ohne Übertreibung behaupten, daß die Sauen ausgesprochen schlecht äugen. Diese Tatsache fällt jedem sofort auf, der auch nur flüchtig mit ihnen zusammenkommt. So vorsichtig der Jäger bei anderem Wild auf Deckung bedacht sein und oft lange Zeit in unbequemer Stellung verharren muß, wenn das Wild sichernd und mißtrauisch den Kopf hoch hat, so wenig ist dies bei den Sauen nötig. Auf Anstand und beim Treiben äugen sie den auch ohne Deckung ruhig sitzenden Menschen kaum, und auch beim Pürschen kommt man bei Gelegenheiten auf Schußnähe an sie heran, die beim Rotwild ganz undenkbar und auch bei Rehen sehr zweifelhaft wären. Auch wenn sie den ruhig sitzenden oder stehenden Menschen eräugt haben, so ist ihr Unterscheidungsvermögen doch so gering ausgebildet, daß sie sich keinen richtigen Vers daraus machen können und, wenn sie sonst noch vertraut sind, womöglich darauf zu ziehen, um den verdächtigen Gegenstand näher in Augenschein zu nehmen.

Da sie mit ihrem kurzen Hals den Kopf nur unvollkommen drehen können, so nehmen sie bei plötzlichen verdächtigen Bewegungen oft Front nach dorthin, um mit *beiden* Lichtern äugen zu können.

Mit dem schlechten Gesicht hängt es auch zusammen, daß sie Lappen gar nicht respektieren. Sie bemerken sie überhaupt nicht, wenn sie nicht sehr im Winde flattern. So sind auch Wildscheuchen auf dem Felde für Sauen ganz wirkungslos. Im übrigen scheut anderes Wild sie bekanntlich auch nur ganz kurze Zeit.

Als Ausgleich gewissermaßen hat die Natur das *Wittrungsvermögen* um so besser ausgebildet. Es ist das Hauptorgan des Schwarzwildes. Dauernd ist der bewegliche Wurf in Bewegung und weiß tief in der Erde und unter dem Moos Puppen und Engerlinge, liegengebliebene Kartoffeln, Mausenester und was sonst noch alles zum Fraß des Schwarzwildes gehört, zu finden. Den Menschen wittern die Sauen auf unglaublich weite Entfernung, und auch die viele Stunden alte Menschenspur merken sie sofort und scheuen sie dort, wo sie nicht hingehört.

Auch Schweißfährten wissen sie gut zu halten, wie ich mich öfter überzeugen konnte. Auf einer Hasenjagd bei Schnee z. B. hatte ein Treiber eines dieser bei uns seltenen Tiere von dem einen Flügel ein paar hundert Meter zum Wildwagen getragen, wobei alle paar Meter ein Tröpfchen Schweiß in den Schnee gefallen war. Als ich am nächsten Tage zufällig wieder dorthin kam, konnte ich spüren, daß eine einzelne Sau vom Anschuß an der Schweißspur gefolgt war und sie bis dort gehalten hatte, wo der Hase aufgeladen worden war. Wenn man abends ein Stück Wild krankgeschossen hat und am nächsten Morgen die Nachsuche aufnimmt, kann man gelegentlich zu seinem Leidwesen feststellen, daß die Sauen schon auf denselben Gedanken gekommen sind und das Stück gefunden und angeschnitten haben.

Im Zusammenhang mit der guten Nase steht der *Geschmack*. Man kann geradezu sagen, daß die Sauen ausgesprochene Feinschmecker sind. Mit großem Verständnis wissen sie überall die größten Leckerbissen herauszufinden.

Es ist ihnen z. B. durchaus nicht gleichgültig, welche Kartoffelsorten sie sich vornehmen. Erst werden alle erreichbaren Kartoffelsorten einer Feldmark flüchtig durchgeprüft, und dann halten sie sich an die schmackhaftesten. Wo verschiedene Sorten auf einem Schlage stehen, ist dies besonders auffällig. Der eine Teil des Schlages ist so gut wie gar nicht angenommen, während mit der ersten Reihe der beliebten Sorte alles um und um gedreht ist.

Auch wo im Winter an verschiedenen Stellen geschüttet ist, werden sie mit Vorliebe die Plätze annehmen, die ihnen die besten Leckerbissen bieten. Verwendet bei kleineren Revieren z. B. der eine Jagdherr Mais, während die Nachbarn sich dies nicht leisten können und mit wirtschaftseigenen Kartoffeln und Korn schütten, wird der erstere das ganze Schwarzwild der Umgebung bei sich versammeln können.

Das *Gehör* der Sauen ist wohl mindestens so gut wie beim Rehwild. Das Knacken des Stechers, das Anstreichen eines Astes am Rock oder das Anstoßen des Glases am Büchsenlauf veranlaßt sie auch auf weitere Schußentfernung zum Aufwerfen und womöglich zum sofortigen Flüchten. Dies gilt besonders von einzelnen Sauen, während in der Rotte fremde Geräusche übertönt oder doch falsch gedeutet werden.

Die *geistigen Eigenschaften* sind sehr hoch entwickelt. „Dummes Schwein" ist ungefähr der verkehrteste Ausdruck, den es gibt. Die Sauen sind ausgesprochen kluge Tiere mit einem fast menschlich logischen Denkvermögen. Sie wissen genau zu unterscheiden, was ihnen dienlich und was gefährlich ist. Das kann man besonders gut im Treiben sehen, wo sie geradezu berechnend sind.

So sehen wir sie dort, wo sie unfreundlich aufgenommen und scharf bejagt werden, äußerst scheu und vorsichtig als reine Nachttiere, den einen Tag hier, den nächsten 10 km weiter steckend. Merken sie aber, daß ihnen ein gewisses Maß von Wohlwollen entgegengebracht wird, so reagieren sie darauf sofort durch eine gewisse Vertrautheit, ja geradezu Dickfelligkeit.

Ich kannte sogar zwei Fälle in Pommern, wo es durch jahrelange Geduld gelungen war, die Sauen in freier Wildbahn und nicht nur im Winter bei Notzeiten soweit zu bekommen, daß sie auf das Klappern des Wagens und auf Zuruf am hellen Tage zur Futterstelle kamen, die Kartoffeln von der Spitze des Handstockes nahmen, ja aus der vorgehaltenen Futterschwinge fraßen. Soweit kann man die sonst als besonders scheu und vorsichtig bekannten Sauen mit Liebe bekommen. Ich glaube nicht, daß dies bei Rotwild in gleichem Maße zu erreichen wäre.

Der Heimlichkeit und Vorsicht, die besonders grobe Sauen infolge ihrer Erfahrungen annehmen, steht andererseits wieder eine ausgesprochene Wurstigkeit und Dickfelligkeit gegenüber, die aus ihrem Mut und ihrem Kraftbewußtsein entspringt. Mit diesen hängt auch die Streitsucht zusammen und nicht zuletzt ihre Angriffslust. Besonders krankgeschossen und gereizt nehmen schon Überläufer, ja Frischlinge, besinnungslos und schneidig an, eigentümlicherweise besonders gern, wenn sie angerufen werden. Doch auch ganz gesunde Sauen tun dies bisweilen. So lief vor Jahren bei einer Hasenjagd ein 3jähriger Keiler einen Bekannten auf 30 Schritt an und baute sich vor ihm auf. Um ihn zu erschrecken, schwenkte er die Flinte und rief ihn an. In demselben Augenblick wurde er aber auch schon angenommen und konnte sich nicht anders helfen, als dem Keiler auf 3 Schritt mit Hasenschrot auf den Kopf zu schießen, was er denn doch nicht vertrug.

Der Ruf der Angriffslust und Gefährlichkeit stammt aber wohl hauptsächlich aus der Zeit der eingestellten Jagden und Sauhatzen, bei denen die Sauen stets in hohem Maße gereizt waren und in Wut kamen, wodurch ihre natürliche Angriffslust ausgelöst wurde.

Ihre Dickfelligkeit, einen treffenderen Ausdruck gibt es kaum, ist manchmal geradezu erstaunlich. Einmal saß so ein Basse im Treiben vor mir im engen Stangenholz unter einer tief beasteten Fichte auf 20 Schritt annähernd eine dreiviertel Stunde in meinem vollen Wind. Ich ahnte natürlich nichts von seiner Anwesenheit, er wußte aber genau, was los war. Als die Treiber an ihm vorbei waren und zwischen ihm und mir standen, brauste er nach hinten ab und übers Feld. Dort wurde er erlegt. Es war ein hauendes Schwein.

Einmal stand ich mit halbem Wind 30 Schritt vor einem sehr engen Stangenholz, in das man aber 20 – 30 Schritt Einblick hatte.

Das Treiben kam auf mich zu. Die Treiber waren schon mehrfach an Sauen gekommen, schrien, bekamen sie aber nicht raus. Ich schätzte sie 150–200 Schritt vor mir. Da kam eine Bache mit starken Frischlingen flüchtig in dem engen Bestand von rechts nach links 20 Schritt vom Rande an mir vorbei. Dann bogen sie links ab und kamen mir ziemlich unbequem, so daß ich nur ein Stück anschweißte und nicht bekam. Ich hatte mir gerade auf den Schreck eine Zigarette herausgeholt, kam aber nicht zum Anstecken, denn da kam ein sehr hochläufiger, abgerauschter, starker Keiler mit tiefem Gebrech ganz gemütlich auf der Fährte der anscheinend rauschenden Bache angezogen, obgleich 150 Schritt rechts von ihm die Treiber lärmten und es links von ihm soeben zweimal vernehmlich geknallt hatte. Er stellte sich auch noch gerade auf eine Luke schön breit vor mich hin, und, was sonst nie in solchen Fällen passiert, ich hatte das Blatt frei. Da ich aber das Treiben nicht genau kannte und es gerade in der Richtung der Treiber war, wagte ich nicht zu schießen. Dann zog er weiter auf der Fährte der Rotte; aber dieser nun auch ins Freie zu folgen, dazu war er doch nicht frech genug. Ich hörte ihn noch ganz vertraut mit großem Krach durch ein Bachbett ziehen, und so versetzte er auch noch meine beiden linken Nachbarn in Aufregung. Dann verkrümelte er sich im Treiben und kam nicht mehr vor.

Noch viel unverschämter benahm sich ein anderer Basse. Es war auf einer kleinen Hasenjagd bei einem sehr passionierten Jagdherrn. Er hatte einem von weither zugereisten Gast gesagt, es könnten auch Sauen vorkommen, weswegen dieser außer der Flinte auch noch eine Repetierbüchse mitschleppte, auf die Dauer kein sehr angenehmes Vergnügen. So hatten wir den ganzen Vormittag gejagt und kamen an den Frühstücksplatz, wo ein großes Feuer brannte und die Hausfrau mit Suppenkelle und verlockenden Genüssen hantierte. Der Jagdherr wollte trotz des Protestes der Hausfrau durchaus vorher das kleine schmale Treiben nehmen, das dicht am Frühstücksplatz lag. „Na, hier können ja wohl keine Sauen mehr drin sein, bei diesem lebhaften Betrieb“, meinte der Mann mit der Büchse, und da sie ihm schon über war, so stellte er sie am Feuer an einen Baum. Er stand zwischen mir und dem Jagdherrn und hatte den Frühstücksplatz mit allen seinen verlockenden Düften 100 m vor sich. Die Treiber waren noch nicht lange angegangen, da prasselte es, heraus kam flüchtig ein grober Keiler und verhoffte auf dem breiten Weg zwischen dem Büchsenmann und dem Jagdherrn. Ich ahnte nicht, daß der Gast die Büchse weggestellt hatte, und sah im Geist schon den Bassen im Feuer zusammensacken. Aber nichts ereignete sich. Da brüllte der Jagdherr: „Zum Donnerwetter, F., schießen Sie doch." Und ziemlich kläglich kam es zurück: „Ich habe ja meine Büchse beim Frühstücksplatz stehen gelassen." Auch dieses Zwiegespräch ließ der Keiler über sich ergehen, bis er schließlich grinsend – so versicherte später der Schütze, nachdem er nach dem Frühstück und verschiedenen Kognaks seinen Humor wiedergefunden hatte – davontrollte.

Sind auch grobe Keiler in ihrem ganzen Wesen, wie alle älteren männlichen Stücke auch bei anderen Wildarten, gesetzter und ruhiger, so hat das Schwarzwild im ganzen genommen ein äußerst lebhaftes Temperament. Sind sie erst aus ihrem Lager oder Kessel hochgeworden, so sind sie dauernd in Bewegung. Immer scheint ihnen etwas Neues einzufallen, ja sie wissen vor Übermut manchmal gar nicht, was sie eigentlich anstellen sollen. Sie sind richtig spiel- und necksüchtig, ja ich möchte fast sagen, sie haben Humor. „Spaß muß sein!" heißt augenscheinlich die Parole.

Dieser Lebhaftigkeit entspricht auch die Ausdrucksfähigkeit und Vielseitigkeit ihrer *Stimme.* Sie ist im allgemeinen dieselbe, wie wir sie vom zahmen Schwein her kennen. Die Frischlinge lassen ein je nach Alter helleres, später tiefer werdendes Quieken und Grunzen hören, das ihre Stimmung und ihre Wünsche deutlich zum Ausdruck bringt. Mit leisem, eindringlichem „Uiiek – Uik" betteln sie bei der Mutter ans Gesäuge gelassen zu werden. Dies Quieken kann man regelmäßig als erstes jeden Abend hören, wenn man sich in der Nähe der Kinderstubendickungen ansetzt. Denselben Ton, nur etwas lauter und ängstlicher, stößt der Frischling aus, wenn er von der Rotte abgekommen ist und nun mit tiefer Nase die Fährte sucht, und ordentlich befreit klingt sein Grunzen, etwa wie ein kurzes helles ö-ö-ö, wenn er die Alte wiedergefunden hat. Ähnlich, aber mit ganz anderem, viel bestimmterem Ton, hört es sich an, wenn sich die Frischlinge jagen, oder wenn sie etwas zurückgeblieben hinter der Bache über die Schneise fallen. Dasselbe, meist dreiteilige „Öff-öff-öff" stoßen auch die Überläufer aus, wenn sie plötzlich flüchtig werden, ja selbst mehrere alte Bachen, die sich zusammengeschlagen haben, lassen sich so hören. Es ist aber kein Zeichen des Erschreckens oder ein Warnruf, sondern durchweg ein Ausdruck des Übermutes. „Lustig, lustig" soll das heißen. Daneben hört man bei allen vertrauten Sauen in der Rotte beim Ziehen und Brechen ein gemütliches, knurrendes Grunzen.

Beim Säugen stößt die Bache ein kurzes, stoßweises Grunzen aus, wie es die zahme Sau auch tut. Auch lockt sie die Frischlinge mit ähnlichen grunzenden Tönen.

Wenn eine Sau Wind bekommt, aber noch nicht genau weiß, was los ist, läßt sie ein typisches tonloses Pusten hören, das wie ein scharfes „Ffft" klingt. Besonders am Rand einer Dickung hört man diesen Ton öfter, wenn die Sauen den Wind prüfen. Manche meinen, die Sau zöge hierbei die Luft durch die Nase ein; ich möchte nach der Schärfe des Tones eher annehmen, daß sie die Luft ausstößt und daß dieser Laut schon eine erste kleine Warnung bedeutet. Man hört ihn auch nur selten bei einzelnen Stücken, dagegen fast immer in der Rotte. Er ist aber oft der Auftakt zu dem bekannten eindrucksvollen Warnruf „Ruff" oder „Wuff", der auch der Ausdruck des Erschreckens ist. Diesen Warnruf „Achtung" weiß besonders die führende Bache wundervoll herauszubringen.

Ist die Rotte auch noch so vergnügt und laut gewesen, auf diesen Ton folgt zunächst immer lautlose Stille. Schwache Frischlinge drücken sich und sind oft wie vom Erdboden verschwunden. Überläufer und stärkere Sauen verhoffen wie zu Stein erstarrt. Und nun handelt es sich darum, wie weit sie schon Verdacht geschöpft haben. Entweder hebt dies leise suchende Pusten wieder an, oder die Reise geht los. Bei dichten Dickungen und zur Zeit, in der die Frischlinge noch schwach sind, geht die Flucht meist nur ein paar Schritte weit, dann aber läßt die Bache ihr drohendes, für den

Führende Bachen im Sommerhaar

Anfänger beinahe furchterregendes tiefes Blasen hören: „Wuuh!" Und so ist es auch gemeint. Einmal habe ich diesen Ton auch von einem starken Keiler gehört, den ich beim Heraussteigen aus der Suhle mitten in der Dickung krellte. Er brach im Feuer zusammen, war aber im selben Augenblick wieder hoch und flüchtete ins Enge. Dort blieb er etwa 50 Schritt vor mir stehen und blies mehrere Male ausgesprochen wütend.

Im allgemeinen sind stärkere Keiler mit ihren Lautäußerungen nicht sehr freigebig, das Pusten bei verdächtigem Wind, ein kurzes „Ruff" im Augenblick der Überraschung, das ist alles. Nur in der Rauschzeit äußern sie sich mehr. Der Keiler in der Rauschzeit, der um eine Bache wirbt, läßt ein röchelndes Grunzen hören, wobei er mit offenem Gebrech die Luft durch den Kehlkopf ein- und ausstößt. Ö-hö, ö-hö, ö-hö, klingt es. Denselben Ton, nur wütender, kann man gelegentlich von groben Sauen hören, wenn sie durch einen Kreuz- oder Keulenschuß an den Fleck gebannt sind, ein Hund sie scharf anpackt, oder auch wenn sie sich selbst ernsthaft an die Schwarte gehen. Es ist gewissermaßen der Ruf des Handgemenges.

Bekommt eine Sau von einer anderen einen Schlag oder Biß, ja der Frischling von der Mutter einen unsanften Puff, so wird dies mit einem meist kurzen Klageton beantwortet, der aber je nach der Heftigkeit des Schmerzes moduliert ist. Am ausgesprochensten klingt dieses Klagen, wenn die Kugel einem Frischling oder Überläufer das Rückgrat oder Kreuz verletzte. Dann ist es genauso grell und durchdringend, wie der Schrei des Hausschweins beim Schlachten. Doch nur geringe Sauen klagen im Schuß. Grobe Sauen verenden meist still. Geben sie einen Ton von sich, so ist es ein Ausdruck des Zorns und der Wut.

Gefahren und Feinde

Zur Naturgeschichte einer Wildart gehört ohne Zweifel auch, daß man die Gefahren und Feinde erwähnt. Beim Schwarzwild ist hierüber aber verhältnismäßig wenig zu sagen. In Deutschland, wo Wolf und Bär ausgestorben sind, hat es Feinde unter dem Raubwild so gut wie überhaupt nicht. Auch die wildernden Hunde, sonst eine Geißel für jeden Wildstand und unser Ersatz für die Wölfe, wagen sich wohl kaum an die Sauen und halten sich an bequemere und ungefährlichere Opfer. Höchstens ein Fuchs raubt gelegentlich einen schwachen Frischling in den ersten Tagen nach dem Frischen. Doch dürfte auch dies zu den Ausnahmen gehören, da in der ersten Zeit die Bache meist ganz in der Nähe des Kessels bleibt.

Die größte Gefahr ist für die Sauen immer noch ein langer und sehr strenger Winter, wenn sie wochenlang nicht brechen können. Dann fallen sie sehr ab, und spät gesetzte Frischlinge kommen dann leicht um. Doch hat der Heger es ja in der Hand, ihnen dann durch reichliche Beschickung der Fütterungen zu helfen. In gebirgigen Gegenden mit sehr viel Schneefall, wie z. B. im Südschwarzwald, wohin das Schwarzwild nach dem Kriege infolge der Übervermehrung und begünstigt durch einige schneearme Winter vorgedrungen war, hat man nach schneereichen Wintern ganze Rotten, im Kessel zusammengedrängt, erfroren aufgefunden, wenn sie nicht rechtzeitig in niedrigere Lagen ausweichen konnten. Diese Schneeverhältnisse sind es auch in der Hauptsache, die der dauernden Bestandsbildung in solchen Lagen eine Grenze setzen. In einem ziemlich harten Winter vor vielen Jahren trieb sich ein schwacher Frischling in der Nähe des Dorfes herum und schob sich über Tag bei den angebrochenen Kartoffelmieten im Stroh ein. Schließlich brach er im Garten in einem Teich ein und wurde mit Mühe gerettet. Wir sperrten ihn mit einem zahmen Pölk zusammen in ein im Freien stehendes Eberhäuschen mit etwas Auslauf. Er gewöhnte sich bald und nahm das Futter gierig auf. Als wir nach 4 Wochen dachten, er wäre durch, ging er plötzlich ein. Er war so leicht, daß er auf einer Forke fortgetragen werden konnte. Augenscheinlich war es ein Kümmerer, der keine Lebensenergie mehr hatte. Es ist überhaupt verkehrt, kümmerndes und schwächliches Wild gesund zu päppeln und am Leben zu erhalten. Die Natur hat ganz recht, wenn sie das schwache Zeug ausmerzt. Nur so ist der Wildstand stark und gesund zu erhalten.

In sehr nassen Sommern hört man die Frischlinge in ihren Kesseln, besonders kurz nach dem Hochwerden, erheblich husten. Sie sind richtig erkältet. Doch gibt sich dies mit dem Eintritt trockener Witterung wieder und ist als eine Art Kinderkrankheit zu betrachten. Manche schwächeren Frischlinge aus der Rotte behalten den Husten bis nach der Hirschbrunft bei, bleiben dann in der Entwicklung weiter zurück und werden richtige Kümmerer. Am besten schießt man sie sobald wie möglich tot. Bei solchen Stücken findet man auch öfter eine kranke Lunge oder die Lungenflügel sind an das Brustfell angewachsen.

Aus der Bestimmung, daß erlegtes Schwarzwild auf *Trichinen* untersucht werden muß, geht schon hervor, daß es auch unter diesen leiden kann. Es scheint aber doch sehr selten vorzukommen, denn ich habe noch kaum davon gehört, daß bei Sauen Trichinen festgestellt worden wären.

Dagegen findet man gelegentlich, wie beim Reh- oder Rotwild, beim Aufbrechen an der Leber und am Gescheide Blasen, bis zur Größe eines Spatzen- oder Taubeneis. Es sind dies *Finnen* eines Hundebandwurms, die in diesem Jugendstadium hin und wieder die bezeichneten Wildarten bewohnen. Treten sie nicht in zu großen Massen auf, so hat das Stück keinen gesundheitlichen Schaden davon. Die Stücke, bei denen ich Finnen gefunden habe, waren auch immer gut bei Leibe. Nach der Auskunft des Instituts für Jagdkunde ist solche befallene Leber für den Menschen genußfähig, wenn man die Finnen herausschärft. Doch muß man darauf achten, daß nicht etwa Hunde diese Abfälle aufnehmen, da sich sonst in ihrem Darm der Bandwurm entwickelt.

Die einzige Krankheit, die verheerend auf Schwarzwildbestände wirken kann, ist die auch in der Landwirtschaft gefürchtete *Schweinepest.* Sie kann durch zahme Bestände übertragen werden, wenn diese im Walde und auf dem Felde weiden, wo über Nacht Sauen hinkommen. Vernichtet schon beim zahmen Schwein die Pest ganze Bestände, so ist es bei den Sauen nicht viel anders. Wie bei den meisten Seuchen scheint die Schweinepest dort gute Vorbedingungen zu finden, wo die Bestände übersetzt sind, wie z. B. in Gattern oder bei der Übervermehrung nach dem Kriege, da hier die Ansteckungsgefahr am größten ist.

Während aus früheren Jahren nur das Auftreten der Seuche in Gatterrevieren bekannt ist, trat sie in freier Wildbahn im Jahre 1939/40 in der Saarpfalz auf. Ein weiterer Seuchengang wurde

1946/47 im Bramwald nördlich Hann.Münden und daran anschließend im Solling beobachtet und in der Fachliteratur beschrieben. Hier trat der umgekehrte Fall ein, daß zahme Bestände durch das Schwarzwild angesteckt wurden.

Ich selbst hatte Gelegenheit, die Schweinepest 10 km von meinem heimatlichen Revier kennenzulernen, die durch eine verseuchte Gutsherde eingeschleppt war. Die Erscheinungen waren dieselben, wie sie im Bramwald beobachtet wurden. Die erkrankten Sauen irrten ruhe- und planlos am Tage außerhalb der Dickungen herum und drängten vielfach zum Wasser.

Fast alle geringen Sauen fielen der Seuche zum Opfer, die etwa ein Jahr lang wütete. Nur wenige grobe Stücke überstanden sie, wenngleich sie auch erheblich erkrankten und zum Skelett abgemagert herumzogen. Selbstverständlich wurde der Abschuß ganz eingestellt, verendet gefundene Stücke tief eingegraben. Nach einigen Jahren hob sich der Bestand wieder.

Tritt also in der Nähe von Schwarzwildbeständen in den Ortschaften Schweinepest auf, die ja auch anzeigepflichtig ist und den veterinärpolizeilichen Bestimmungen unterliegt, so sollte der Jagdberechtigte vor allem zu verhindern suchen, daß Weideeintrieb in den Wald oder auch das Hüten auf den Feldern stattfindet. Ist aber der Schwarzwildbestand von der Seuche befallen, so müssen alle kranken und verdächtigen Stücke so schnell wie möglich abgeschossen werden. Doch sollte man jede Treibjagd vermeiden, um nicht durch versprengte Stücke die Gefahr der Weiterverbreitung in die umliegenden Reviere zu fördern. Selbstverständlich muß jeder Verdacht auf Schweinepest auch der Jagdbehörde gemeldet werden, damit diese die erforderlichen Sicherheitsmaßnahmen treffen und einer Weiterverbreitung vorbeugen kann.

Daß das Schwarzwild auch von der seit Jahren in Westdeutschland grassierenden Tollwut befallen werden kann, ist gelegentlich einwandfrei festgestellt worden.

So ist mir ein Fall bekannt, wo mein Schwiegersohn auf einer Pachtung bei Wetzlar einen zweijährigen Keiler schoß, der beim nächtlichen Pflügen immer wieder in das Scheinwerferlicht des Treckers kam.

Der Keiler war normal bei Wildpret, aber wegen seines verdächtigen Verhaltens wurde das Haupt vorsichtshalber an die Tierärztliche Hochschule nach Gießen geschickt, die Tollwut feststellte.

Da das Stück inzwischen zerwirkt worden war, mußte das Wirtschafter-Ehepaar, das mit dem Wildpret hantiert hatte, schutzgeimpft werden und auch zwei 14jährige Ferienkinder, darunter eine junge Schwedin, die sich die Läufe des Keilers zur Erinnerung mitgenommen hatten. Aber selbst der Teckel, der das Stück nachgesucht und gezaust hatte und die Katzen, die den Schweiß aufgeleckt hatten, blieben gesund.

Frischen

Nachdem wir die äußere Gestalt des Schwarzwildes, seine Sinne und Charaktereigenschaften, sozusagen theoretisch, kennengelernt haben, begeben wir uns nun im Geiste ins Revier, um seine Gewohnheiten und Lebensweise näher kennenzulernen.

Es ist zwar keine Jagdzeit auf Sauen, aber die Schnepfe zieht, es ist ein schöner warmer Frühlingsabend, und so nehmen wir den Drilling vom Haken und wollen nach den Schnepfen sehen.

Auf dem sandigen Gestell an der Dickung fällt uns eine starke Fährte ins Auge. Der grobe Keiler etwa, der auf der Winterjagd bei dem schlechten Schützen kam und seine Schwarte gesund rettete? Wir sehen näher hin. Da stehen neben der starken Fährte lauter ganz kleine, feine Abdrücke im Sand. Aha, die erste Bache mit Frischlingen. Sie können erst einige Tage alt sein, und die Alte hat sie zum erstenmal ausgeführt. Da die Tragezeit, wie wir wissen, genau wie beim Hausschwein 4 Monate weniger 10 Tage beträgt und die Rauschzeit normalerweise im November war, so können wir damit rechnen, daß nun im März die Bachen anfangen zu frischen.

Wenn die alte Bache sich hochbeschlagen fühlt, so etwa gegen Ende März, manchmal auch schon etwas früher, so tut sie sich von der Rotte ihrer vorjährigen Frischlinge ab und sucht sich eine ruhige, ungestörte und nicht zu kleine Dickung. Hier bricht sie sich zwischen zwei Pflanzreihen oder unter ein paar Fichten einen geräumigen Kessel, polstert ihn fein säuberlich mit Fichtenzweigen, Farnkraut, Moos und Blättern und wölbt darüber, wenn nötig, noch ein Dach von Zweigen, so daß eine Art Hütte entsteht. In diesem Kessel frischt sie, und die Frischlinge, zunächst kleine, schwache, unbeholfene Dinger, läßt sie in den ersten Tagen dort.

Nur selten findet man solche Wochenstuben, denn kein ordentlicher Jäger wird mit Absicht im Frühjahr die Bachen mit ihrer Nachkommenschaft stören wollen und neugierig in den Dickungen herumkriechen. Aber gelegentlich, bei der Nachsuche nach einer krankgeschossenen Schnepfe etwa, wird man auf solche frischen Kessel stoßen oder sie später im Jahr entdecken, wenn sie schon etwas verfallen sind.

Nach etwa acht Tagen, wenn die Frischlinge schon etwas sicherer auf den Läufen sind, nimmt die Mutter sie schon auf kleinere Streifzüge mit, die sich bis an den Rand der Dickung erstrecken oder womöglich schon in ungewohnte Fernen und gänzliches Neuland über die Schneise und in den anstoßenden Dickungsteil gehen. Quiekend und grunzend folgen die kleinen gelben gestreiften Gestalten der Mutter, dauernd nach Milch bettelnd. Oft stellt sich die Bache sehr harthörig, um die Kleinen hinter sich her zu locken, doch dann wirft sie sich plötzlich auf die Seite, und, nachdem erst ein großes Streiten begonnen hat, bis jedes den richtigen, ihm zustehenden Platz erwischt hat, den jeder Frischling von der Entscheidung nach den ersten Tagen bis ans Ende der Säugezeit behält und energisch verteidigt, herrscht andachtsvolle Stille, und nur das behagliche Grunzen der Bache, mit der sie die Milchabgabe begleitet, ist zu hören.

Dreimal hatte ich das Glück, auf nächste Entfernung Zeuge dieses Familienidylls zu sein, aber unzählige Male habe ich es gehört, wenn ich im Sommer zwischen den Dickungen ansaß. Es war stets das erste, was ich von der Anwesenheit der Sauen zu hören bekam.

Man kann sich kaum eine besorgtere und rührendere Mutter denken als eine alte Bache. Sie hat ja auch für viel mehr Nachkommenschaft zu sorgen, als ihre Schwestern von der roten Farbe, die Alttiere und Ricken. Wenn sie auch verhältnismäßig früh am Abend hoch wird, schon um durch den eignen Fraß für die nötige Milch zu sorgen und nun schon bei vollem Licht auf die nähergelegenen Felder und Wildäcker zieht, so ist sie sich ihrer Verantwortung doch voll bewußt. Dauernd sichert sie, und sobald sie etwas Verdächtiges wittert, warnt sie die Frischlinge mit ihrem durchdringenden „Wuff". Dann sind diese wie weggewischt, so meisterhaft drücken sie sich auf Kommando. Hat die Alte dann doch den Eindruck, daß eine Gefahr droht, so bläst sie drohend und ist jederzeit bereit, auf den Störenfried ihrer Ruhe loszugehen. Mit hochgerecktem Pürzel und nach vorn gestellten Tellern, äugt sie kampfbereit um sich. Dann stößt sie prüfend die Luft durch die Nase und trollt zur nächsten Dickung, das Gewimmel der Kleinen hinter ihr her.

Vor Jahren kam das Waldarbeitervieh, das im Walde gehütet wurde, gegen Abend nach Hause, auch der Hund stellte sich ziemlich verschüchtert ein, nur der Hütejunge kam nicht. Man ging ihn suchen und eilte nach der Waldweide, wo er gehütet hatte. Da fand man ihn hoch oben auf einer astigen Kiefer sitzen und darunter eine grobe Bache, die ihn bewachte. Mit Mühe verjagte man sie und erlöste den Bengel.

Was war geschehen? Gegen Abend war die Bache mit ihren schwachen Frischlingen am Rande der Wiese ausgetreten, und der Junge hatte den Hund auf sie gehetzt. Dieser, erst sehr tapfer, war von der Bache attackiert worden und hatte sich auf seinen Herrn zurückgezogen. Nun hatte die Bache diesen angenommen, und er war auf den Baum geflüchtet, worauf die wütende Alte ihn belagert hatte, bis er Hilfe bekam.

Auch gegen andere Artgenossen ist die alte Bache mißtrauisch und läßt sie ihren Kindern nicht zu nahe kommen. Ja, auch in ihren Standdickungen duldet sie nur ungern andere Rotten und macht ihnen das Leben schwer, bis sie auswechseln. So bilden sich richtige Kinderstubendickungen aus, in denen sich Überläufer und einzelne Sauen nur ungern aufhalten.

Dagegen vertragen sich die führenden Bachen untereinander meist gut. In gutbesetzten Schwarzwildrevieren ist es sogar die Regel, daß mehrere führende Bachen, wenn die Frischlinge etwa 14 Tage alt sind, sich zusammenschlagen und den ganzen Sommer über zusammenbleiben. Zwei bis drei ist das gewöhnliche, doch habe ich auch schon Rotten von fünf alten Bachen mit den dazugehörigen Frischlingen gehabt, so daß sie im ganzen 32 Stück stark waren. Daß von diesen Bachen eine die Führung gehabt hätte, wie etwa das Leittier eines Rudels, habe ich aber nicht beobachten können.

Fruchtbarkeit

Die Fruchtbarkeit der Bachen wird im allgemeinen erheblich überschätzt. Es ist schon nicht leicht bei dem Gewimmel, das meist in solcher Rotte herrscht, die genaue Zahl festzustellen, wenn sie nicht gerade einzeln nacheinander über eine Schneise kommen. Erstlingsbachen haben manchmal sehr wenig Frischlinge. Eins, zwei oder drei kommen vor, fünf dürfte schon der hohe Durchschnitt sein. Wahrscheinlich werfen sie schon an sich weniger als ältere Bachen, auch gehen vermutlich in den ersten Tagen ein paar besonders schwache Frischlinge ein. Auch alte Bachen haben sehr selten mehr als 6—7 Frischlinge, und mehr als 8 habe ich nie erlebt. Daß tatsächlich gelegentlich mehr als 8 Frischlinge gefrischt werden, geht einwandfrei aus den Trächtigkeitsuntersuchungen hervor, die Oberjägermeister Losenhausen, der in den Jahren nach dem Zusammenbruch die Schwarzwildjagden im Kreise Schleiden/Eifel leitete, systematisch an einer größeren Anzahl Bachen durchgeführt hat. Die Feststellungen schwanken zwischen 1 und 13 Stück, bei einem Durchschnitt von 6,5. Hierbei muß berücksichtigt werden, daß die Mehrzahl der Untersuchungen nach dem ungewöhnlich guten Mastjahr 1946 stattgefunden hat, das die Fruchtbarkeit augenscheinlich sehr günstig beeinflußte. Es ist damit aber nicht gesagt, daß die Bache, die 13 Frischlinge in der Tracht hatte, auch alle aufgezogen hätte. So muß ich dabei bleiben, daß über 8 Frischlinge einer Bache eine ganz seltene Ausnahme sind.

Wenn also von 10—12 Frischlingen einer Bache berichtet wird, so handelt es sich wahrscheinlich um falsche Beobachtung oder es sind Frischlinge von mehreren Bachen. Sehr oft nämlich zotteln die Frischlinge alle zusammen hinter der ersten Bache her, und die zweite dazugehörige Mutter erscheint erst eine ganze Weile später. Da können leicht Beobachtungsfehler vorkommen. Es kann aber auch sein, daß sich Frischlinge, deren Mutter totgeschossen ist, zu der anderen Bache halten, mit der ihre Mutter zusammenstand. Es ist zwar ausgeschlossen, daß ihre Pflegemutter sie säugen läßt. Dazu ist sie, auch wenn sie wollte, gar nicht imstande. Die wenigen Zitzen sind schon von ihren eigenen Kindern mit Beschlag belegt, die sie auch unbedingt verteidigen, und etwa noch freie Striche sind einige Tage nach dem Frischen bereits vertrocknet, so daß sie keine Milch mehr geben.

Nun beträgt die Zahl der Zitzen beim Wildschwein in der Regel 10. Da aber jeder Frischling einen eigenen Strich benötigt, wenn er am Leben bleiben soll, die vordersten Zitzen aber meist zu wenig Milch haben, so kann die Bache auch höchstens 8 Frischlinge hochbringen, selbst wenn sie noch mehr wirft.

Solche früh verwaisten Frischlinge haben also keine Aussicht, Milch zu bekommen und bleiben daher auch in der Entwicklung gegen die Kinder ihrer Pflegemutter zurück. Sie haben aber wenigstens Führung und kommen so meistens durch.

Wird aber eine einzelne Bache von den Frischlingen abgeschossen, so werden solche Waisen von keiner anderen Rotte angenommen, sie irren planlos umher und kommen, wenn sie nicht schon sehr stark sind, meist um.

Einstmals trieb sich solch armes Kerlchen, dem die Mutter von einem Aasjäger totgeschossen war, wohl als letztes seiner Geschwister bei mir im Revier herum. Am hellen Tage machte ich es mehrmals beim Reiten im hohen Holz aus ein paar Wacholderbüschen hoch, hatte aber leider nie eine Büchse bei mir. Erst mehrere Wochen später wurde es verendet gefunden. Solch einsame kümmernde Frischlinge schießt man am zweckmäßigsten so schnell wie möglich ab, denn es wird doch nichts aus ihnen.

Nur in den seltensten Fällen wird es möglich sein, es so zu machen, wie es ein Bekannter von mir tat. Einer seiner Waldarbeiter kam eines Tages, Anfang Mai, an einem Fichtenhorst neben einer alten Fütterung vorbei und hörte ein erhebliches Schnarchen. Er ging nach und fand drei einsame Frischlinge in einem Kessel, die sich in der Nähe der Fütterung hielten, um in den Abfällen zu brechen. Die Bache konnte wohl erst vor kurzem abgeschossen sein, denn die Frischlinge waren noch recht munter und ließen sich nicht greifen. Er meldete sofort den Vorfall, und mein Freund fuhr sofort hin und setzte unter die Fichte einen Trog, der mit gedämpften und gequetschten Kartoffeln, vermischt mit Fischmehl, gefüllt war. Am nächsten Tag war das Futter angenommen, und nun wurde die Fütterung jeden Tag regelmäßig beschickt. Die Frischlinge hielten sich ganz in der Nähe, und wenn man vorbei kam, konnte man sie oft in ihrem Fichtenhorst schnarchen hören. Sie entwickelten sich auch prächtig, und als im November die Wildjagd herankam, hatte der Jagdherr große Angst um sie, da sie natürlich ziemlich dreist und dickfellig waren. Er verbot also bei Todesstrafe zu schießen, wenn drei Frischlinge ohne Bache vorkämen. Trotzdem bekam es ein Schütze fertig, einen davon zu erlegen. Er war ungefähr 20 Pfund schwerer als die anderen normalen Frischlinge.

Der Abschuß einer führenden Bache ist immer eine große Sünde, den, Gott sei Dank, jetzt auch das Bundes-Jagdgesetz wenigstens bis zum 15. Juni, in einzelnen Ländern bis zum 15. Juli oder sogar bis zum 31. Juli, unter Strafe stellt. Man kann daher im Sommer nie vorsichtig genug sein.

Vor Jahren saß ich wieder einmal an meinem Wildacker, um zu beobachten und womöglich eine Sau für die Küche zu schießen. Sehr früh erschien plötzlich am Rande eine einzelne stärkere Sau und brach unruhig in den Kartoffeln. Ich konnte sie nicht als Keiler ansprechen, auch schien sie mir im Haarwechsel noch sehr zurück. Ich schoß also nicht. Mit einem Male verschwand sie wieder. Nach fünf Minuten war sie wieder da. Ich wartete ein paar Minuten, ob nicht vielleicht Frischlinge nachkämen, da zog sie wieder ein. Nun ärgerte ich mich schon beinahe, daß ich die Gelegenheit verpaßt hätte und beschloß zu schießen, wenn sie noch einmal käme. Richtig, nach zehn Minuten kam sie wieder heraus, dabei aber ein zweites Stück und – sechs oder sieben Frischlinge!

In einem anderen Falle glaubte ich genau den Pinsel erkennen zu können, bis mich die Frischlinge belehrten, daß ich es doch mit einer Bache zu tun hatte. Es war eine besonders ausgeprägte Zitze, die die Täuschung hervorgerufen hatte.

Sind die Bachen aber erst kahl, so kann man bei gutem Licht das Gesäuge genau erkennen. Den besten und sichersten Anhalt gibt aber stets der Fortschritt des Haarwechsels im Vergleich zu nicht führenden Stücken.

Nicht alle Bachen frischen zur vorgeschriebenen Zeit im März bis April. Sei es, daß sie vielleicht mehrmals umrauschten oder infolge später Entwicklung erst gegen das Frühjahr hin zum ersten Male rauschten, jedenfalls kommt es nicht selten vor, daß man im Hochsommer noch ganz schwache Frischlinge findet. Meist sind die Bachen dazu auch gering in der Figur und wohl in der Regel Erstlingsbachen. Solche späten Frischlinge kommen natürlich noch verhältnismäßig schwach in die schlechte Jahreszeit, und es kann nie aus ihnen etwas Ordentliches werden. Werden sie geschlechtsreif, so ist es wahrscheinlich später als bei ihren normal entwickelten Altersgenossinnen, so rauschen sie auch später und bringen ihrerseits wieder zur Unzeit späte Würfe. So sieht man solche spät frischenden Bachen nicht gern, weil sie das Revier nur mit

Kümmerern versehen, die nicht zur Erzielung eines starken Wildstandes beitragen. Es kommt aber hier im Westen auch nicht selten vor, daß manche Bachen schon Ende Januar und Anfang Februar frischen. Gibt es einen strengen Nachwinter, so kommen die Frischlinge leicht um. Bei den üblichen milden Wintern dagegen haben sie gegenüber ihren später gesetzten Artgenossen einen Vorsprung in der Entwicklung.

Es besteht aber immer die Gefahr, daß diese vorzeitig frischenden Bachen auf den letzten Drückjagden im Spätwinter totgeschossen werden, da sie regelmäßig ihre Frischlinge im Kessel zurücklassen und allein vor die Schützen kommen.

Das ist ein Hauptgrund, warum man im Februar nicht mehr auf Sauen jagen sollte, was ja auch jetzt in den meisten Ländern verboten ist.

In meiner pommerschen Heimat hatte ich es nie selbst erlebt oder auch nur davon gehört, daß zuweilen Bachen in einem Jahr zweimal frischen. Es liegen aber einwandfreie Beobachtungen und Berichte aus westdeutschen Revieren vor, daß dies tatsächlich vorkommt. Die Bachen frischen im Spätsommer ein zweites Mal und führen dann zwei ungleichaltrige Würfe, die fast halbjährigen Frischlinge vom Frühjahr und die neugefrischten. Man nennt dies eine „zweistöckige Rotte“.

Da die Hausschweine normalerweise auch zweimal im Jahr ferkeln, kann man wohl annehmen, daß diese ungewöhnliche Erscheinung auf frühere Einkreuzungen von zahmen Schweinen zurückzuführen ist, die die Veranlagung hierzu mitgebracht haben. Wie schon bei den abnorm gefärbten Stücken erwähnt, ist früher wohl öfter Hausschweinblut in die Wildbahn gekommen, besonders im Westen, wo jagdfreudige Fürsten ihre Schwarzwildbestände sogar systematisch mit Hausschweinen aufgebessert haben.

Der alte Döbel gibt in seiner „Jägerpraktika“ (1746) im Kapitel „Saugehege“ hierzu folgende Anweisung:

„In jedem Garten kann man 18 bis 20 oder mehr Sauen thun, welche schwarz sein müssen. Am besten ist es, so sie von pourer schwarzer Art sein. Zu diesen zahmen Sauen thut man einen zwei- oder dreijährigen Keiler . . . So nun die Sauen zwei oder drei Jahre geschont bleiben, vermehrt sich dieses Geschlecht bald und sind solche alsdann ebenso wilde, als die sonst ordinairen, wilden Sauen, auch im Wachstum so stark, wie sie sein sollen."

Auch ihm war das zweimalige Frischen bekannt und er äußert sich hierzu folgendermaßen:

„Ihr Brunft ist gemeiniglich um Andreä. Doch findet man öfter welche, die außerhalb dieser Zeit, auch wohl einige zweimal in einem Jahr brunften. Von denselbigen, die sowohl in der Brunft- als Setzzeit keine ordentliche Zeit halten, ist vollkommen zu schließen, daß sie von denen zahmen Sauen entsprossen und noch nicht von der rechten wilden Art seien, noch dazu gehören."

Im übrigen ist das zweimalige Frischen natürlich unerwünscht, denn der zweite Wurf kommt zu schwach in den Winter und kann sich nicht genügend entwickeln. Es wird berichtet, daß die zweiten Frischlinge größtenteils eingehen.

Es ist viel und oft darüber gestritten worden, ob unter Umständen schon Frischlinge beschlagen werden und als knapp ein Jahr alte Überläufer schon frischen können. Es liegen zweifellos einwandfreie Beobachtungen vor, daß dies vorkommen kann. Es ist aber sicher eine seltene Ausnahme, die nur bei außergewöhnlich weit entwickelten Stücken und in besonders guten Mastjahren vorkommt. In der Regel wird die normale Überläuferbache im Alter von etwa 1¾ Jahren zum ersten Mal beschlagen und frischt mit 2 bis 2¼ Jahren.

Solange die Frischlinge noch schwach sind, gehen die Bachen mit ihnen nur in die anstoßenden Waldteile und ganz nahe gelegenen Felder und kehren regelmäßig in dieselbe Standdickung zurück. Nur bei Störungen innerhalb der Dickung ziehen sie in eine andere Dickung um, die manchmal sogar einige Kilometer weit ab sein kann. In ruhigen Revieren sind sie meist sehr vertraut und schon bei hellem Tage unterwegs.

Einmal ritt ich kurz nach Mittag im Juni an der Kante eines Wildackers vorbei, um abzuspüren, als dicht neben mir in der Dickung das böse Blasen einer alten Bache ertönte und darauf das Knacken abziehenden Wildes. Ich ritt 100 Schritte weiter, wo ich eine Schneise übersehen konnte, über die die Sauen kommen sollten. Mein Pferd ließ ich am Wegrand grasen und steckte mir selbst eine Zigarre an. Ich mochte wohl fünf Minuten gewartet haben, wobei das Pferd natürlich nicht ganz ruhig war, sondern mit dem Gebiß klirrte und auch manchmal schnaubte, als es plötzlich die Ohren spitzte und zum Wildacker herunter äugte. Da erschien auch schon 100 Schritt von uns der Kopf einer alten Bache. Sie bewindete voll Interesse die Pferdespur und machte sich gemütlich ans Brechen. Gleich darauf erschienen noch zwei andere Bachen und ein Haufen schwacher Frischlinge. Obgleich ich mit meinem Fuchs offen im hellen Sonnenschein dastand, beachteten

sie uns in keiner Weise. Erst als dieser eine plötzliche Bewegung machte, äugten sie erstaunt und mißbilligend zu uns hin, um dann sichtlich ungern und nur zögernd in die Deckung zurückzutrollen. Das geschah um 2 Uhr nachmittags bei hellem Sonnenschein.

Das Familienleben der Sauen zu beobachten ist überhaupt eine Quelle der Freude. Die urigen Alten mit ihrem trutzigen Äußeren, immer in Sorge um die Kleinen und doch voll Bewußtsein ihrer Kraft. So stehen sie etwas auseinandergezogen auf dem ruhigen Wildacker, mit den Pürzeln pendelnd oder die Flanken schlagend und mit dem Gebrech die trockene Erde hochwerfend, daß es nur so mulmt. Dann hört man, wie sie mit lautem Schmatzen, den Kopf hochgehoben, eine Kartoffel zerkauen. Dazwischen das Gewimmel der Frischlinge. Ein paar stehen vor dem Gebrech der Bache herum, um auch einige gute Happen abzubekommen, fliegen aber unter lautem Aufquietschen beiseite, wenn die Alte ihnen einen unsanften Stoß versetzt. Andere machen sich selbständig und brechen ein Ende weiter im Boden, wieder andere spielen herum und jagen sich, daß der Staub wirbelt, ja ein Keilerchen spielt Rauschzeit und tut so, als ob er sein Schwesterchen beschlagen will. Sie streiten sich auch ganz erheblich und ernstlich, bis beiden Gegnern die Puste ausgeht und sie sich erschöpft und mit fliegenden Flanken gegenüberstehen. Dauernd aber ist die ganze Gesellschaft in Bewegung und vergnügt, so daß es manchmal schwer fällt, sich das Lachen zu verbeißen.

Einmal kamen wir pürschenderweise an solch Familienidyll von drei Bachen und etwa fünfzehn Frischlingen heran. Die Bachen standen nicht weit voneinander in der Mitte des Wildackers, die Frischlinge, schon ganz handliche Burschen, die die hellen Streifen schon fast verloren hatten, hatten sich weit über den Acker verstreut. Da knackte es rechts, und drei helle Überläufer trollten heraus. Zwei mischten sich zwischen die abseits stehenden Frischlinge, und der dritte hatte sogar die Frechheit, mitten zwischen die alten Bachen zu kommen. Solch harmloses Gemüt! Im gleichen Augenblick hatte die stärkste Bache die Teller nach vorn gestellt, den Pürzel hochgerichtet, und schon fiel sie über den Frechling her. Aufklagend ergriff er die Flucht, verfolgt von der ergrimmten Mutter, die aber so schnell war, daß sie ihm noch mehrmals einige kräftige Bisse versetzte. So verließen die Überläufer den Schauplatz so schnell, wie sie gekommen waren. Aber, o Frechheit, nach zehn Minuten erschienen sie wieder am Rande der Dickung. Das war aber der alten Bache zuviel. Gereizt blasend trollte sie auf die Eindringlinge los, die sich zunächst ganz dumm stellten. Doch als die Bache auf 20 Schritt an sie herangekommen war und sie nun in langen Fluchten annahm, da rissen sie aus wie Schafleder. Aber die Alte verfolgte sie bis in die Dickung, und dort setzte es erhebliche Senge, wie man aus dem Kreischen und Klagen entnehmen konnte. Erst nach gut fünf Minuten trollte sie zu der übrigen Rotte zurück, die sich um die ganze Sache nicht im geringsten gekümmert hatte. Aber auch jetzt noch stand sie erregt da wie ein Platzhirsch, der sein Rudel hütet, und äugte wild nach allen Seiten, ob die Kujels nicht noch einmal erschienen.

Etwa um die Zeit, wenn das Korn zu reifen beginnt, unternehmen die Bachen auch weitere Streifzüge und ziehen längere Strecken zu den Feldern. Sie halten hierbei ziemlich regelmäßig dieselben Wechsel, auf dem Hinweg zuweilen andere als auf dem Rückweg. Im August schließen sich diesen Rotten manchmal auch einige Überläufer an, die zu dieser Zeit anscheinend schon eher geduldet werden als im Frühsommer. Doch bekommen sie immer noch manchen Knuff ab, und in solcher gemischten Rotte, wie man sie nennt, herrscht ein besonders großer Lärm.

Im allgemeinen aber halten sich die Überläufer in besonderen Rotten, wie sie von der alten Bache verlassen werden, wenn sie sich im Frühjahr hochbeschlagen abtut. Es sind also meist Geschwister oder doch solche vorjährigen Frischlinge, die in einer großen Rotte zusammen aufgewachsen sind. Ihre Zahl ist durch den Abschuß über Winter nur etwas zusammengeschrumpft.

Da sie von den führenden Bachen, wie wir gesehen haben, in der Nähe nicht geduldet werden, so machen sie sich selbständig, zigeunern überall herum und sind in Revieren, wo sie nicht scharf bejagt werden, aus Mangel an Erfahrung ziemlich unvorsichtig und dummdreist. Sie befinden sich augenscheinlich überhaupt in den Flegeljahren und benehmen sich entsprechend. In der Nähe ihrer Tagesstände gebärden sie sich höchst ungeniert, beißen und jagen sich herum und scheinen einen Hauptspaß darin zu finden, sich möglichst rüpelhaft zu benehmen.

Da kommen zwei Überläuferrotten von zwei Seiten aufeinander zu und beschnüffeln sich unter Blasen und Pusten erst einmal ausgiebig. Einige fangen eine kleine Beißerei an. Einer steht ruhig da. Ein zweiter zieht auf ihn zu und gibt ihm einen Puff in die Seite. Plautz, fällt er um wie erschossen und rührt keinen Lauf. Auch als der andere ihn mit dem Wurf bearbeitet, zuckt er mit keiner Wimper. Doch plötzlich springt er auf und saust mit „Wuff-Wuff" in Kurven durch die Gegend, wie ein Hund, der sich freut, daß er mitgenommen wird.

Überläufer

Verhalten zu anderem Wild

Ein andermal sitzen wir an einer stillen Ecke auf der Kanzel und freuen uns über das Rudel Rotwild, das mit seinen Kälbern vor uns äst. Nun macht es lange Hälse, eine Rotte Überläufer tritt auf den Plan. Nachdem die Sauen brechend etwas näher gezogen sind, werfen sie nach dem Rotwild hin auf, und plötzlich mit lautem „Wuff-Wuff-Wuff" stürzen sie auf das Rudel los. Dieses spritzt erschreckt auseinander und verzieht sich, unangenehm berührt,

100 Schritt weiter. Man sieht es dem Leittier ordentlich an, wie es von seiner vornehmen Höhe auf diese Proleten heruntersieht. Diese aber stehen da und grinsen ordentlich, daß ihnen der Spaß so gut gelungen ist. Denn es war natürlich alles bloß Spaß.

Gewohnheit ist bekanntlich alles, und so gewöhnt man sich schließlich auch an die unangenehmsten Mitbewohner. Daher kommen Rotwild und Sauen auch im allgemeinen ganz gut miteinander aus, stehen in denselben Dickungen und auf denselben Äsungsplätzen zusammen, wenn man dem Rotwild auch immer eine gewisse Antipathie anmerkt und es sich die schwarzen Gesellen gern einige Schritte vom Leibe hält. Ich habe aber auch schon gesehen, wie ein geringer Hirsch und ein zweijähriger Keiler regelrecht miteinander spielten und sich gegenseitig im Scherz jagten. Mein Schwager, ein sehr guter Beobachter, erlebte einmal, wie ein Keiler mit zwei Jungfüchsen spielte, die ihn abwechselnd anpürschten und gegen die er dann Ausfälle machte, wenn sie ihm zu nahe kamen.

Nur die Rehe trauen den Sauen gar nicht über den Weg. Dort wo sie täglich mit ihnen zusammenkommen, sieht man sie zwar oft genug dicht beieinanderstehen, aber im allgemeinen erhebt sich doch ein großes Geschrecke, wenn die Sauen erscheinen. Vor allem sind es die führenden Ricken, die um ihre schwachen Kitze besorgt sind; denn es steht außer Zweifel, daß die Sauen sich an ihnen vergreifen, wenn sie sie irgend zu fassen bekommen. Doch ist die Zeit, in der die Kitze so schwach sind, daß sie sich greifen lassen, nur kurz und der Schaden verhältnismäßig gering. Ich habe auch noch nicht gehört, daß durch das vermehrte Auftreten der Sauen der Rehstand gelitten hätte.

Anders ist es mit dem Hasenbesatz. Es ist im allgemeinen die Regel, daß in Revieren mit viel Schwarzwild die Hasenjagd zurückgeht. Das kommt ohne Zweifel daher, daß die Sauen bei ihrem Herumstreifen in Feld und Wald überall die Sassen mit den unbeholfenen Satzhasen finden und mit Behagen verspeisen. Auch die Gelege aller Bodenbrüter werden zum Teil von den Sauen zerstört. Es ist bekannt, daß das Auerwild sich dort nicht vermehren kann, wo viele Sauen vorkommen.

Fraß

Die Nahrung der Sauen kann man in vier Gruppen einteilen, nämlich: unterirdische Pflanzenteile, wie Wurzeln, Knollen usw., Baummast, Früchte und Beeren, grüne Pflanzenteile, grüne Triebe, Gräser und Kräuter und tierische Stoffe von Puppen und Würmern bis zu Mäusen und Rehkitzen.

Als Allesfresser nehmen die Sauen auch gern Fallwild und Luder an, sogar Menschenleichen, wie es mehrfach beim Russeneinmarsch beobachtet wurde. Im Sommer kann man es erleben, daß ein am Abend krankgeschossener Bock am nächsten Morgen von Sauen halb aufgefressen ist. Gelegentlich wird in der Fachpresse behauptet, daß sie auch ihre eigenen verendeten Artgenossen auffressen. Wenn es auch unter den unnatürlichen Verhältnissen in Wildparks und Gattern vorkommen mag, so habe ich es in freier Wildbahn nicht bestätigt gefunden. Selbst Aufbrüche von Sauen werden von den Artgenossen nicht angerührt, höchstens vom Fuchs, während die Aufbrüche von Reh- und Rotwild in kurzer Zeit verschwunden sind.

In ihrem übrigen Fraß sind die Sauen, wie schon oben gestreift, sehr wählerisch und leckerhaft, wenn sie auch je nach der Jahreszeit mit weniger vorlieb nehmen. Nach der Not des Winters brechen sie erst einmal im Bestand nach Würmern und Puppen und suchen vor allem auch die Wiesen nach Larven und Engerlingen ab. Später kommen frisch gesäte Haferfelder und dann vor allem die Kartoffeln dran. Die wahre Freude fängt aber doch erst an, wenn das Korn zu reifen beginnt. Reifender Hafer, auch Gemenge mit Erbsen und Bohnen, lieben sie über alles und als Krone natürlich Mais.

So kommt es, daß sie um diese Zeit dort, wo große Gutsschläge ein Halmenmeer von oft mehreren hundert Morgen schaffen, ihren sonstigen Gewohnheiten untreu werden und einfach ihr Standquartier in den Getreidefeldern aufschlagen. Dort ist es noch ruhiger und geschützter als im Walde, der um diese Zeit durch Beeren- und Pilzsucher beunruhigt wird. Hier brechen sie mitten in den großen Schlägen ihre Kessel und Lager, treten ihre Wechsel und kommen kaum jemals heraus. Nicht nur Überläuferrotten und einzelne Sauen, auch Bachen mit Frischlingen tun dies gern. Der Jäger kann dann nicht viel ausrichten, und selbst von hohen Kanzeln sieht man meist nur die Halme wackeln, und wenn man auch ein Stück Rücken oder Kopf sieht, weiß man nie, ob man es nicht mit einer führenden Bache zu tun hat.

Solche von den Sauen heimgesuchten Schläge, wozu noch der Schaden des Rotwildes kommt, bieten für das Auge des Landwirtes keinen schönen Anblick. Es gehört schon ein groß Teil Liebe dazu, wenn man ihnen das verzeihen soll. Werden solche Schläge dann gemäht, so zerbricht man sich sogar unter Umständen die Maschinen, wenn sie in die Löcher und Kessel fahren.

Sind beim Anmähen eines solchen Hafer- oder auch Roggenschlages, was meist durch Rundherumfahren geschieht, Sauen drin, so gehen sie in den meisten Fällen erst sehr spät heraus. Sie haben wohl Angst vor der klappernden Maschine und trauen sich nicht aus der Deckung. Dasselbe tut auch das Reh und in noch weit höherem Maße der Fuchs. So ist es manchmal sehr interessant, dabeizusein, wenn die letzten Schwaden fallen.

Dem erbosten Landmann kann man es nicht verdenken, wenn er bei solcher Gelegenheit sich draußen anstellt und versucht, die eine oder andere Sau zu erlegen. Doch kommt meistens nicht viel dabei heraus. Erstens besteht immer die Gefahr, hierbei eine abgesprengte führende Bache zu strecken, dann muß man wegen der überall auf dem Felde arbeitenden Leute äußerst vorsichtig schießen, und schließlich gehört der Schuß auf die flüchtige Sau nun einmal in den Winterwald und nicht in die heiße Erntezeit.

Während meist die Sauen aus Angst die schützenden Halme sehr spät verlassen, benehmen sie sich doch auch manchmal unglaublich dickfellig. Als einmal zu den Zeiten, als der Mähdrescher noch nicht erfunden war, ein Gemengeschlag weit ab vom Walde gemäht wurde, wunderten sich die Knechte, daß an einer bestimmten Stelle die Pferde jedesmal schnaubten und scheuten. Sie kamen schließlich nur noch mit Mühe vorbei. Als nun die drei Maschinen etwa zum fünften Male dort vorbeikamen, fuhr dicht vor den Messern eine grobe Sau aus dem Lager. So lange hatte sie ruhig dort gesessen. Ich kam fünf Minuten später dorthin geritten und bekam brühwarm und aufgeregt die Geschichte zu hören. Die Sau war in ein 200 m abliegendes, vielleicht fünf Morgen großes Haferstück gewechselt und dort stecken geblieben. Ich wollte sie am Nachmittag einem Gast mit dem Schweißhund herauslancieren, aber über Mittag war sie ausgewechselt.

Ein andermal ging mein Inspektor in den ziemlich vertrampelten, ungemähten Teil eines Roggenschlages hinein und traf auf einen Kessel, den die Sauen sich in Form einer Hütte zusammengetragen hatten. Er stieg auf den Haufen, um seine Festigkeit zu prüfen und stach mit dem Stock von oben hinein. Erst da fuhr der Keiler, auf dem er regelrecht gestanden hatte, unter ihm heraus.

Einen Keiler schoß ich einmal morgens auf dem Einlauf, als er schon bei gutem Licht vom Walde in einen halbabgemähten Haferschlag *ein*wechseln wollte, während ich ihn eigentlich vom Felde aus erwartet hatte.

Sind die Halmfrüchte abgeerntet, so stürzen sich die Sauen auf die Kartoffelschläge und die Mast im Walde. Doch ist eine ihrer Lieblingsbeschäftigungen um diese Zeit, auf den Stoppeln zu brechen. Sie suchen dann nach Mäusenestern und machen dies so gründlich, daß solch ein Stoppelschlag zuweilen aussieht, als hätte eine schwere Batterie mit Granaten draufgefeuert. Mäuse müssen für das Schwarzwild und auch den Fuchs etwa dasselbe bedeuten, wie für den Menschen Kaviar oder Gänseleberpastete. Jedenfalls betrachten sie sie als ausgesprochene Delikatesse. Man kann daher auch die Sauen mit dem Mauspfiff reizen, wie sie ebenso auf die Hasenklage gelegentlich zustehen.

Gewohnheiten der Einzelgänger

Gegen den Herbst zu, je nach ihrer Entwicklung etwas früher oder später, sondern sich die Überläuferkeiler von der Rotte und gehen allein. Wahrscheinlich hängt der Zeitpunkt mit der eintretenden Geschlechtsreife zusammen. Es ist also falsch, wenn man nur von „alten" Einzelgängern spricht. Es kann ebenso gut ein 1½jähriger Überläuferkeiler sein. Da diese Tatsache vielfach unbekannt ist, wird das Alter der Keiler oft überschätzt, und man fällt häufig auf solch einen Jüngling herein und ist enttäuscht, wenn man ihm ins Gebrech sieht.

Einzeln gehende Keiler bekommen, mit dem Alter zunehmend, ihre ganz besonderen Gewohnheiten, die sich wesentlich von denen der übrigen Sauen unterscheiden. Zunächst lieben sie Ruhe über alles. Nichts ist ihnen so zuwider wie der Kinderstubenbetrieb der führenden Bachen und auch das laute, unbekümmerte Benehmen der Überläuferrotten. Hierin ist der Keiler ganz so veranlagt wie der alte Hirsch. Er vermeidet daher nach Möglichkeit die Dickungen, die von anderen Sauen bevorzugt werden. Ja, er meidet solche Reviere überhaupt, wenn es geht. So kommt es, daß man in Revieren mit starkem Schwarzwildbestand verhältnismäßig wenig grobe Keiler hat, während in den angrenzenden Bezirken mit geringem Bestand häufig die guten Keiler geschossen werden. Nur in der Rauschzeit ist es anders, da zieht sich der starke Keiler, wie der Hirsch zum Rudel, zu den Rotten. Aber auch jetzt schiebt er sich nicht mit den übrigen Sauen in denselben Kessel ein, sondern hat abseits sein Lager, so daß im Treiben nur in besonderen Ausnahmefällen der Keiler in der Rotte kommt.

Doch bestätigen Ausnahmen die Regel. So machte ich einmal im November beim Aussuchen der Stände für die Wildjagd eine Rotte los, die in einem kleinen Fichtenhorst im Stangenholz gesessen hatte. Ich schoß meiner Gewohnheit nach auf ein mittelstarkes Stück, das sich als Überläuferbache herausstellte. Als ich nun mit dem leeren Kugellauf der Büchsflinte dastand, kam als letztes Stück der Rotte ein grober Keiler, erheblich höher und stärker als die übrigen Sauen. Ich konnte ihn am Pinsel genau ansprechen. Er hatte mit der Rotte in demselben Kessel gelegen.

Ein andermal kam mir mitten in einer starken Rotte von etwa 25 Sauen auf einer Wildjagd ein sehr starker Keiler, aber ich hatte, da es sehr im Engen war, schon die Büchse leer. Auch mein stärkster Basse kam mit der Bache. Doch sind das seltene Ausnahmen. Wer im Glauben, einen starken Keiler vor sich zu haben, das „dickste" Stück aus der Rotte schießt, wird zu seiner Enttäuschung in den meisten Fällen bald vor einer alten Bache stehen.

Außerhalb der Rauschzeit aber müssen wir mit Sicherheit den alten Keiler weit abseits jener Dickungen suchen, in denen die anderen Sauen stecken.

Dann sitzt er in ganz kleinen Fichtenhorsten, zwischen ein paar Wacholderbüschen, im Altholz unter irgend einem Windwurf, kurz, wo man ihn am wenigsten vermutet. Wir hatten weit draußen im Felde, 2 km vom geschlossenen Walde, einen Dornbusch. Dicht an ihm vorbei ging ein Steig, den unsere Leute benutzten, wenn sie sonntags morgens in einem See, der im Nachbarrevier lag, verbotenerweise angeln gingen. Fast jedesmal machten sie dort einen Keiler los, wenn sie vorbeikamen. Ein anderer Lieblingseinstand war ein kleines Bruch in einem Feldholz mit einem Schilffleck, über den man mit einem Stein werfen konnte. Auch hier saß im Sommer sehr oft ein Keiler. Mehrmals habe ich versucht, ihn einem Gast herauszudrücken, aber, da er das Anstellen jedesmal merkte, ging er mit konstanter Bosheit immer nach der falschen Seite.

Solche Bassen sind überhaupt, wenn sie älter werden, äußerst gerissen. So haben sie die typische Eigenschaft, sich meistens dicht am Rand einer Dickung einzuschieben. Auf diese Weise merken sie eigentlich immer, wenn sie umstellt werden und wissen sich in Sicherheit zu bringen. Gelegentlich haben sie die Angewohnheit, sich in Ameisenhaufen einzuschieben. Vermutlich ist ihnen das Krabbeln der Ameisen angenehm, das Lager schön weich, und vielleicht befreien sie die Wirtsleute auch von ihren Läusen. Jedenfalls kann man grobe Keiler überall dort treffen, wo man sie nicht erwartet. Dabei sind sie sehr unstet und unberechenbar und sitzen vielleicht 8 Tage in demselben Lager und dann 14 Tage jeden Tag in einem anderen.

In ihren sonstigen Gewohnheiten sind sie auf Grund ihrer Erfahrungen weit vorsichtiger als die übrigen Sauen. Sie lassen sich bei Büchsenlicht weit weniger blicken, ziehen früher zu Holz, wagen sich nachts kaum aus dem Mondschatten, wenn sie nicht gerade mal ihren dickfelligen und dummen Tag haben. Jedenfalls sind sie stets unberechenbar, und es ist sicher leichter, einen noch so heimlichen Feisthirsch zu strecken, als einen groben Keiler, auch wenn man seinen Wechsel und Stand ungefähr weiß.

Nur in der Rauschzeit verläßt ihn bis zu einem gewissen Grade die gewohnte Vorsicht, er zieht schon am hellen Tage ohne Rücksicht auf Deckung von Dickung zu Dickung auf der Fährte der rauschenden Bache. Kommt man um diese Zeit an einer Dickung vorbei, die voll von Sauen steckt, so ist dort ein Krach und ein Geschrei wie im Schweinestall.

Der Keiler ist kein zarter Liebhaber, er schlägt und knufft die Bachen, daß sie laut aufklagen.

Der Beschlag vollzieht sich in derselben Weise wie beim Hausschwein und dauert ziemlich lange. Ich habe ihn selbst noch nicht gesehen, da er sich bei Tage nur in der Dickung abspielt. Kommen gleichstarke Keiler in der Rauschzeit zusammen, so entwickeln sich erbitterte Kämpfe. Im Schnee kann man manchmal richtige Schweißfährten lesen, die von den Wunden herrühren, die die erbosten Gegner sich beigebracht haben. Auch sieht man bei in der Rauschzeit gestreckten Keilern, wie sie mit frischen Schmissen bedeckt sind. Sie schlagen, mit den Köpfen nebeneinander stehend, aufeinander ein und parieren die Schläge mit der Schulter, weswegen diese auch den Namen Schild trägt. Doch springen sie auch aufeinander los und versuchen, sich zu überrennen. Dem überlegenen Gegner weichen sie ohne Kampf aus, bleiben aber nach Art der Beihirsche in der Nähe, in der Hoffnung, doch noch etwas zu erben.

So machten wir vor vielen Jahren mal in der Rauschzeit ein kleines Drücken und nahmen einen größeren Dickungskomplex in mehreren Teilen. Im ersten kam die rauschende Bache mit einem Hauptschwein vor. Sie kamen zunächst zusammen bis dicht vor die Schützen, dann trennten sie sich. Die Bache kam unbeschossen durch, der ganz grobe Keiler kam zur Strecke. In den anderen Abteilungen wurden noch 2 dreijährige Keiler erlegt, ganz augenscheinlich „Beikeiler". Andere Sauen kamen nicht vor.

Die Rauschzeit fängt Ende November, manchmal schon etwas früher an und dauert bis in den Januar hinein. Infolgedessen verteilt sich auch die Frischzeit von März bis in den Mai hinein, da die Bachen knapp 4 Monate beschlagen gehen. Doch rauschen aus bestimmten Gründen, wie oben ausgeführt, einzelne Bachen das ganze Jahr über; aber man merkt hiervon im allgemeinen nichts, die Gewohnheiten des übrigen Wildes werden hiervon nicht berührt, während die richtige Rauschzeit dem ganzen Wildstand ihren Stempel aufdrückt.

Eine Eigenschaft ist für das gesamte Schwarzwild typisch, in viel höherem Maße als beim Rotwild, das ist das *Suhlen.* Wo irgend im Bestande oder auch auf dem Felde eine sumpfige, moorige oder auch lehmige nasse Stelle ist, wird sie für diese Leidenschaft ausgenutzt. Am beliebtesten sind natürlich solche Suhlen innerhalb der Dickungen, wo sie ungestört hinkommen können. Doch auch in der Nähe der Standdickungen im höheren Holz liegende Suhlen werden schon bei Tageslicht angenommen. Manchmal liegen die Suhlen aber auch mitten auf befahrenen Wegen in feuchten Lehmstellen. An einer solchen Stelle beobachtete ich einmal einen Überläufer auf 20 Schritt, als ich auf dem Heimweg von der Pürsch war.

Nicht alle Suhlen werden das ganze Jahr über regelmäßig angenommen. Das richtet sich ganz nach dem Feuchtigkeitsgehalt und dem Wasserstand. Sobald das blanke Wasser darin steht, schätzen es die Sauen nicht, ebenso, wenn sie zu trocken werden. Die Suhle muß am liebsten in gut schlammigem Zustand sein, so daß der Schlamm auf der Schwarte kleben bleibt. Dies ist augenscheinlich der Zweck der Übung. Die Läuse und Holzböcke, mit denen das Schwarzwild reichlich gesegnet ist, werden beim Eintrocknen der Kruste gewissermaßen eingekapselt und festgebacken. Die Kühlung allein scheint mir nicht das Ausschlaggebende zu sein, denn man findet angenommene Suhlen vom März ab, bis sie wieder zufrieren.

Die Sauen an der Suhle zu beobachten, ist sehr spaßhaft und reizvoll. In dem Kapitel „Ansitz an der Suhle" soll näher darüber gesprochen werden. Man behauptet, daß Sauen um die Erntezeit, wenn sie über Nacht viel Hafer aufgenommen haben, am Morgen besonders gern suhlen sollen. Ich habe diese Beobachtung nicht gemacht. Sie nehmen wohl auf dem Rückwechsel die eine oder andere Suhle mit, doch suhlen sie nach meinen Erfahrungen hauptsächlich des Abends, sobald sie aus ihrem Kessel hochwerden. Die Hitze veranlaßt sie nicht ausschließlich hierzu. Auch bei Kühle und vor allem Regen habe ich sie an der Suhle getroffen.

Zu jeder Suhle gehören ein oder mehrere *Malbäume.* Zu ihnen führt meist ein schlammbespritzter ausgetretener Wechsel, und die Malbäume selbst sind bei allen viel benutzten Suhlen von der einen Seite wenigstens, manchmal auch rund herum, bis auf den Splint abgescheuert. Hier schubbern sich die Sauen ihre Schwarte ausgiebig, und an der Frische der Schlammschicht und ihrer Höhe kann man mit Sicherheit schließen, wann der letzte Besucher dort und wie stark er war. Auch in der Suhle selbst findet man häufig die ganze Seite des Stückes abgedrückt und kann sich so ein Bild von seiner Stärke machen.

Öfter findet man an den Malbäumen oder an anderen Stämmen in der Nähe die Rinde durch schräge Schnitte verwundet. Dies tut der Keiler mit den Gewehren, und die beachtliche Höhe dieser Schläge zeigt dem Jäger an, mit welch starkem Bassen er es zu tun hat.

Sind wenig Suhlen im Revier vorhanden, oder sind infolge großer Trockenheit nur wenige in Betrieb, so suhlt auch der Hirsch,

der ja überhaupt nur von der Feistzeit bis nach der Brunft ein gesteigertes Bedürfnis dafür hat, an denselben Stellen wie die Sauen. Ist aber eine gewisse Anzahl vorhanden, so scheint der Hirsch getrennte Badeanstalten vorzuziehen. Überhaupt liebt das Rotwild anscheinend etwas nassere Suhlen, in denen sogar etwas Wasser stehen darf.

Obgleich das Bedürfnis zu suhlen ohne Zweifel zu den Lebensgewohnheiten der Sauen gehört, wäre es doch durchaus falsch, anzunehmen, daß ihr Lager oder Kessel nun auch im Feuchten oder gar Nassen liegen müßte. Das Gegenteil ist der Fall. Ein gutes Lager muß warm und trocken sein. So liegen diese und auch die Kessel der Rotten in hügeligem Gelände meist auf den Höhen oder am halben Berg und nach Möglichkeit so, daß ein Schutz gegen Nässe von oben vorhanden ist. Daher werden Fichtenhorste so gern gewählt. Sonderbar ist auch, daß die Sauen an klaren stillen Wintertagen vielfach ganz niedrige Dickungen als Tagesstände bevorzugen, in denen man die Rehe noch sehen kann. Es scheint fast so, als ob der Grund die Sonne ist, die in solch niedrige Schonungen natürlich viel intensiver hineinscheint als in ältere geschlossene Dickungen.

Vor allem sind aber die Sauen, genau wie jedes andere Wild, gegen kalten Wind sehr empfindlich. Steht dieser auf eine Dickung, so kann man mit Sicherheit annehmen, daß sie dort nicht stecken. Bei Jagden ohne Schnee wird man sie daher bei windigem Wetter dort suchen müssen, wo sie Windschutz haben.

Verhalten im Treiben

Im Treiben sind die Sauen zweifellos das klügste und berechnendste Wild, das wir kennen. Haben sie erst überhaupt etwas vom Anstellen gemerkt, so wissen sie ganz genau Bescheid. Sie wissen genau, daß ihnen im Innern der Dickung nicht viel passieren kann und erst draußen die Gefahr wartet. So gehen sie, hochgemacht, erst einmal gegen den Wind und merken so, wo die Schützen vorstehen. Dann geht es nach längerem Verhoffen urplötzlich in windender Fahrt über die Schneisen, oder sie stehlen sich leise zurück und sind nur mit großen Schwierigkeiten herauszubekommen.

Oder aber sie bleiben beim Herannahen der Treiber einfach sitzen und lassen sich übergehen. Sind keine Hunde im Treiben, so gelingt ihnen das oft. Doch auch, wenn sie schon hochgemacht worden sind, bleiben sie an engen Stellen still stehen und lassen die Treiber vorbeigehen. Werden sie aber bemerkt, und erhebt die Treiberwehr ein großes Geschrei, so brechen sie fast mit Sicherheit durch die Wehr. Aber nach kurzer Zeit verhoffen sie wieder und warten geduldig, bis die Treiber zurückkommen. Alle diese Tricks wissen sie meisterhaft anzuwenden, besonders wenn eng umstellt und laut getrieben wird. Gegen Abend verfolgen sie die Taktik, so lange auszuhalten, bis es dunkel wird, was ihnen auch vielfach gelingt. Häufig stehlen sie sich auch ganz leise irgendwo hinaus, wo die Luft rein zu sein scheint. Wird eine Rotte gesprengt und verläßt sie auf verschiedenen Wechseln die Dickung, so findet sie sich doch in kurzer Zeit auf einem Hauptwechsel, spätestens in der nächsten Standdickung, wieder zusammen.

Wird in einem Revier öfter getrieben, so werden die Sauen natürlich mißtrauischer und lassen sich noch schlechter treiben.

Wenn sie das Revier nicht überhaupt ganz meiden, so stecken sie doch dann häufig nicht in ihren gewöhnlichen Standdickungen, sondern schieben sich an ganz unberechenbaren Stellen ein, mitten im hohen Holz zwischen Wacholdern, in einzelnen Fichtenköpfen oder in größeren Dickungen ganz dicht an den Rändern, ja sogar etwas außerhalb, so daß sie etwaiges Kreisen und Anstellen sofort merken. So dickfellig sie sonst sein können, nehmen sie dann schon das Anblasen entfernter Treiben übel und machen sich auf die Reise. Ich habe des öfteren bei Jagden mit sehr großen Treiben, auf denen ich „mitten drin" stand, erlebt, daß bei den ersten Tönen des Hornes die Sauen schon in Bewegung kamen und zum Teil sogar zielbewußt gegen die Treiber vorgingen.

Durch Treibjagden werden die Sauen oft weit versprengt. Ein Revierverwalter einer Jagd, die selbst fast nie Schwarzwild hat und etwa 10 km von den nächsten Beständen abliegt, sagte mir einmal, er merke genau, wenn in der weiteren Umgebung Wildjagd gewesen wäre. Sofort spürten sich bei ihm Sauen.

Sind die Sauen eines Reviers durch die Jagd auseinandergesprengt, so dauert es meist eine ganze Weile, manchmal bis zu 14 Tagen, bis sie sich wieder zurückfinden und ihre alten Gewohnheiten annehmen. Je lauter die Jagd war, je mehr es geknallt hatte, und je mehr sie von Hunden gehetzt waren, desto mehr nehmen sie die Störung übel. Nach einem leisen, stillen Durchgehen von 1 oder 2 Treibern dagegen stecken sie oft schon am nächsten Tage wieder in derselben Dickung.

Verhalten in der Gefangenschaft

Jung eingefangene und aufgezogene Frischlinge werden in der Gefangenschaft bald sehr zahm und zutraulich, wie alle klugen Tiere. Doch gehen sie bei der Aufzucht in den ersten Tagen oft ein. Dies liegt meistens an der falschen Ernährung. Man liest häufig, daß den Tierchen, wie auch Kitzen und Junghasen, verdünnte Kuhmilch eingeflößt wird. Das ist aber ganz verkehrt. Kuhmilch hat einen Fettgehalt von 3 bis höchstens 4 % Fett. Die Milch der zahmen Sauen – und die der Bachen wird wohl ähnlich zusammengesetzt sein – hat aber 7–8 % Fett. So entspricht schon die *un*verdünnte Kuhmilch nicht den Bedürfnissen der Frischlinge, geschweige denn, wenn noch Wasser zugesetzt wird. Im Gegenteil müßte man noch Sahne zusetzen. Sehr geeignet ist Ziegenmilch, die sehr fettreich ist, sowie die Milch von Milchschafen. Meine Tochter zog 1948 im Rheinland 3 Frischlinge, die im Hafer ausgemäht worden waren, auf und hat sie hauptsächlich mit Schafmilch hochbekommen. Diese Frischlinge, die etwa drei Wochen alt waren, fingen sofort an, aus dem Trog zu fressen, was eine große Erleichterung für die Aufzucht ist. Darum gewöhne man sie von der Flasche, mit der man bei ganz jungen Frischlingen zunächst anfangen muß, möglichst bald an selbständiges Fressen. Mit gequetschten, gekochten Kartoffeln, Getreideschrot, Küchenabfällen und möglichst etwas Fischmehl ziehen sie sich genauso leicht auf wie zahme Ferkel.

Im letzten Kriegsjahr 1944 hatte meine Tochter, die damals bis zum Russeneinfall den eingezogenen Förster vertrat, einen Frischling aufgezogen, den sie aus Mecklenburg geschenkt bekommen hatte. „Moritz" lief hinter ihr her wie ein Hund, kam mit in die Stuben und begleitete sie in den Wald, auch beim Radfahren. Hatte er sie einmal verloren, so fand er sie, wie ein Hund die Fährte haltend, sofort wieder. Seine Freundschaftsbezeugungen waren etwas robuster Art, und man mußte sich vorsehen, nicht umgestoßen zu werden, wenn er einem zwischen die Beine fuhr. Als er im Februar 1945 zurückgelassen werden mußte, war er schon ein ganz handlicher Bursche und eher stärker als seine wilden Altersgenossen. Als unsere Gutsleute vom mißglückten Treck nach Hause kamen, lag er erschossen vor der Haustür.

Wenn so zahm aufgezogene Sauen älter werden, muß man sie in ein Gehege sperren, da sie sonst zuviel Unsinn anstellen und lästig werden, ohne dabei bösartig zu sein. Wenn man sie aber im Stall hält, sie eines Tages zu schlachten, wie ich das auch schon erlebt habe, so dreht sich dem anständigen Waidmann das Herz im Leibe rum, denn dazu ist unser ritterliches Wild zu schade.

Ich bin überhaupt ein Feind davon, freilebendes Wild in Gehege einzusperren, denn es bietet stets einen traurigen Anblick und kann dem Jäger nur leid tun.

Wenn große zoologische Gärten Wild halten, mag es noch seine Berechtigung haben, aber ist es wirklich nötig, daß fast jede kleine Stadt in ihrem Stadtpark ein Schwarzwildgehege hat, ja, daß manches Waldcafé ein paar Sauen hält, um die Gäste anzulocken? Meist liegen die Sauen im Stroh ihrer Schutzhütte versteckt, wo man sie doch nicht sehen kann, und der Auslauf gleicht einer Mondlandschaft, da er immer und immer wieder umgebrochen wird. Bei nassem Wetter ist er ein Morast, in dem sich keine anständige Sau wohlfühlen kann. Wird der Auslauf aber gepflastert oder zementiert, so können die armen Tiere wieder nicht brechen, was zu ihren Lebensbedürfnissen gehört. Daher sollte man möglichst keine Frischlinge aufziehen, denn wenn man zunächst auch Spaß an ihnen hat, so ist ihnen doch ein trauriges Los gewiß.

Überhaupt geben Gattersauen, auch in größeren Schaugehegen, nur in seltenen Fällen ein zutreffendes Bild ihrer wilden Artgenossen in freier Wildbahn. Entweder sind sie überfüttert und laufen mit Hängebäuchen wie die Mastschweine herum, oder die Gatter sind übersetzt. Die Frischlinge, z. T. zur Unzeit gesetzt, daher schwach, hustend und mit eitrigen Lichtern sind Karikaturen ihrer wilden Brüder, kurz, wer die Sauen aus der freien Wildbahn kennt, kann nur den Kopf schütteln.

2 Die Hege

Es ist eigentlich kühn, in Verbindung mit dem Schwarzwild das Wort Hege überhaupt in den Mund zu nehmen. Gehört es doch selbst nach dem Bundesjagdgesetz zu den Wildarten ohne Schonzeit, wenn auch die führenden Bachen vom 1. März bis 15. Juni nicht erlegt werden dürfen. Die Verordnung vom 2. April 1977 räumt dem Schwarzwild – mit Ausnahme von Frischlingen und Überläufern – inzwischen eine Schonzeit vom 1. Februar bis zum 15. Juni ein. Vor kurzem wurde es sogar noch zum „Schadwild" gerechnet, das auf jede Weise „bekämpft" werden sollte. Obgleich nun in den letzten Jahren die Bestände ganz erheblich vermindert worden sind, und einige Länder sogar eine mehr oder weniger wirksame Schonzeit für die Sauen geschaffen haben, wird es seines Schadens auf dem Felde wegen immer ein Stein des Anstoßes für die Landwirtschaft sein. Wenn wir Jäger es daher mit unserem ritterlichen Wild gut meinen und es für die deutsche Wildbahn auf die Dauer erhalten wollen, müssen wir streng darauf achten, daß die Höhe der Bestände mit den Belangen der Land- und Forstwirtschaft in Einklang bleibt. Wir können durch geeignete Maßnahmen die Sauen in den Hauptschadenszeiten von den Feldern fernhalten oder sie ablenken, wir können auch durch einen gewissen Wahlabschuß die Qualität der Bestände beeinflussen. Das alles verstehe ich unter Hegemaßnahmen.

Nutzen und Schaden

Sehen wir uns von diesem Gesichtspunkt das Schwarzwild näher an, so muß auch der ärgste Feind der Sauen zugeben, daß sie im Walde in ganz überwiegendem Maße nützlich sind. Zwar machen sie auch dem Forstmann zuweilen Ärger, wenn sie eingestufte Bucheckern und Eicheln herausbrechen und fressen. Auch ziehen sie zuweilen frischgepflanzte Buchen und Eichen aus den Pflanzlöchern, um nach Engerlingen an den Wurzeln zu suchen, ähnlich, wie es die Krähen mit Rübenpflanzen machen. Aber das sind kleine Schönheitsfehler, die ihnen der Forstmann gern verzeiht, gegenüber den anderen großen Vorzügen, die sie besitzen. Und wenn sie weiter nichts tun würden, als nur den Waldboden umzubrechen, Moos, Streu, Laub und Rohhumus mit dem Mineralboden zu vermischen, so hätten sie schon ihre Daseinsberechtigung erwiesen.

Sie tun aber weit mehr. Überall und jederzeit suchen sie unter dem Moos nach Puppen und Larven der schädlichen Forstinsekten und stiften dadurch ungeheuren Nutzen.

In den überwiegend mit Kiefern bestandenen Revieren des deutschen Ostens hat zwischen den beiden Kriegen eine Forstkalamität durch den Fraß von Nonne, Forleule und Kiefernspanner

die andere gejagt. Ungeheure Werte sind hierdurch vernichtet, Wirtschaftskatastrophen für den Waldbesitzer heraufbeschworen worden.

Reviere mit geringem oder gar keinem Schwarzwildbestand sind meistens diesen Kalamitäten zum Opfer gefallen, während dort, wo ein relativ starker Bestand an Sauen vorhanden war, die Sache entweder glimpflich ablief oder der betreffende Schädling erst gar nicht zu erheblichem Fraß kam. Wer einmal erlebt hat, wie in der Nähe der Saudickungen die Bestände ganze Jagen weit in schönstem, üppigstem Grün prangten, während in abgelegeneren Revierteilen die Kronen sich schon bedenklich zu lichten begannen, wer gesehen hat, wie an einem verhältnismäßig kleinen Revier mit sehr gutem Bestand an Sauen alle Kalamitäten einfach vorübergingen, die die Nachbarschaft erheblich mitnahmen, der weiß den Wert des Schwarzwildes erst richtig zu schätzen und will es nicht mehr missen. Gern sieht er ihm daher schon einigen Schaden auf dem Felde nach. In ausgedehnten Forstrevieren mit nicht besonders starkem Bestand werden die Sauen Massenvermehrungen zwar nicht verhindern können. Sie werden aber den aufmerksamen Forstmann durch auffälliges Brechen darauf aufmerksam machen, daß hier etwas nicht in Ordnung ist, und ihm so frühzeitige Gegenmaßnahmen ermöglichen.

War bis jetzt die Waagschale zugunsten unserer Freunde recht hoch gestiegen, so wird sie zu unserem Leidwesen nun wieder beträchtlich fallen, wenn wir uns ihre Tätigkeit auf dem Felde betrachten.

Es unterliegt keinem Zweifel, daß sie hier so erheblichen Schaden machen können, daß der Spaß aufhört, und man es dem Landmann nicht übelnehmen kann, wenn er lauthals schimpft und die Sauen sämtlich zum Teufel wünscht. Zwar wird ihm in verpachteten Revieren der Schaden in den meisten Fällen reichlich, ja überreichlich vergütet, aber es macht immerhin Scherereien, und das Land sieht vor allem nicht so gepflegt und gut aus, wie es der ordnungsliebende und sorgfältige Bebauer der Scholle nun einmal verlangt. So ist es in vielen Fällen nicht einmal der materielle Schaden als solcher, der den Landwirt verärgert, als vielmehr das Gefühl: wozu habe ich mir nun erst solche Mühe gegeben und alles sauber und exakt bestellt, wenn solch Viehzeug, das nicht auf das Feld gehört, alles wieder zunichte macht. Die Wildfeindlichkeit des Bauern, überhaupt des Landbewohners, sofern er nicht zugleich Jäger ist, ist eben fest in seinem Gemüt eingegraben, wahrscheinlich von Urzeiten her, wo der Mensch im scharfen Kampf gegen das Wild stand, um seinen Acker zu schützen.

Einmal ritt ich in der Kartoffelernte zu den Leuten, die gerade ein Stück Kartoffeln dicht am Walde ausmachten, wo die Sauen und das Rotwild ganz erheblich gehaust hatten. Ich traute mich nur ungern dorthin, denn ich fürchtete, allerhand von schlechtem Ertrag und ungenügendem Verdienst zu hören. Doch da bekanntlich der Hieb die beste Parade ist, so schimpfte ich lauthals über die Schweinerei, daß die Sauen fast alles ausgebuddelt hätten. Worauf der Wortführer grimmig entgegnete: „Dat's Ehr ganz recht, wowegen scheite Sei nich mehr.'"

Ja, sie machen es manchmal wirklich ein bißchen grob! Im Herbst schon fängt es an, wenn auf den abgeernteten Kartoffelschlägen Roggen bestellt wird. Solange offenes Wetter ist, suchen sie auf diesen Schlägen die liegengebliebenen Kartoffeln nach und zerstören dadurch natürlich auch eine Menge Roggenstauden. Sobald es im Frühjahr aufgetaut ist, wird diese Arbeit fortgesetzt. Doch sieht der Schaden meist größer aus, als er ist. Werden die gröbsten Löcher im Frühjahr mit der Egge eingeebnet, so ist bei der Ernte kaum mehr etwas davon zu merken. Immerhin baut man in Gegenden mit viel Schwarzwild lieber keinen Kartoffelroggen. Die Fruchtfolge läßt sich mit einigem guten Willen auch anders einrichten, und wo in Pachtrevieren doch Kartoffelroggen gebaut wird, geschieht es meistens mit der Absicht, hieraus durch den Wildschaden Nutzen zu ziehen.

Viel schlimmer ist es mit den Wiesen. Im Herbst nach dem letzten Schnitt, im Winter bei offenem Wetter und bis ins Frühjahr hinein, haben die Sauen die üble Angewohnheit, die Wiesen umzubrechen, um nach Engerlingen und anderem Ungeziefer zu suchen. Sicher sind die Insekten für die Wiese schädlich, aber keine Wiese geht daran zugrunde, wenn die Sauen diese Schädlinge *nicht* aufnehmen. Bei dieser Arbeit wird die ganze Grasnarbe umgedreht, so daß die Wiese wie gepflügt aussieht. Es ist klar, daß das Gras

mit den Wurzeln nach oben nicht wachsen kann und daß der Bestand unvollständig und dünn bleibt.

So bleibt nichts anderes übrig, als in Handarbeit die Plagen wieder in die richtige Lage zu bringen, sie festzutreten und womöglich anzuwalzen. Immerhin ein mühseliges und kostspieliges Verfahren. Auch für Viehkoppeln, die im Walde liegen, gilt dasselbe. Solche den Sauen besonders ausgesetzte Wiesen und Weideflächen kann man auf die Dauer nicht anders schützen, als daß man sie sauensicher einzäunt, was leichter gesagt als getan ist. Denn man will doch meist die Wiesen als zeitweilige Hauptäsungsflächen für Rot- oder Rehwild wenigstens diesem Wilde offenhalten. Auf dem Darß, der sehr ausgedehnte Wiesenflächen hatte, die an die benachbarten Bauern und Fischer verpachtet waren, zugleich aber Hauptbrunftplätze für das Rotwild darstellten, sah ich einen sehr praktischen Zaun. Er bestand aus einem 1 m hohen Maschendraht, der oben durch eine armdicke Stange abgeschlossen war. Die Sauen konnten durch den Maschendraht nicht hindurch, während Rot- und Rehwild die niedrige Stange mit Leichtigkeit überfielen.

Nun hat starker Maschendraht die häßliche Eigenschaft, sehr teuer zu sein, und daher hatten wir bei uns eine Jungviehkoppel, die ganz in der Nähe einer guten Saudickung lag, etwas billiger einzuzäunen versucht, damit die Sauen nicht dauernd die ganze Koppel umbrachen. Wir hatten bei nicht zu weitem Abstand der

Koppelpfähle – 6 m ist wohl das richtige – unten 4 Stacheldrähte in 10–20 cm Abstand gezogen. Darüber mit 30 cm Abstand zwei glatte Drähte. Das Ganze wurde versteift durch Querstäbe, von Meter zu Meter, so daß der ganze Zaun einen festen Halt bekam. Das Jungvieh brach so nicht aus, das Rotwild überfiel den Zaun ohne Schwierigkeit, die Rehe krochen zwischen den glatten Drähten durch, und nur die Sauen, die nicht springen und mit dem Kopf durch die Wand wollten, stießen sich die Nase an den Stacheldrähten. Doch muß solch Zaun trotzdem unter steter Beobachtung sein, da die Sauen immer wieder Stellen suchen, wo der unterste Draht etwas locker ist, und sie dann unten durchkriechen. Man muß also an diesen Stellen, die man durch Abspüren leicht feststellen kann, ein paar Pfähle in die Erde schlagen, an denen man den untersten Draht befestigt, oder ganz tief eine Latte von Pfahl zu Pfahl anschlagen. So kann man größeren Schaden leicht abwenden.

Wildäcker

In frisch gedrillten Sommerkornschlägen ist der Schaden durch das Schwarzwild meist gering. Sie zeichnen zwar mit dem Gebrech ihre Hieroglyphen in den Boden, daß es gefährlich aussieht, aber ein Eggstrich bringt die Sache wieder in Ordnung. Schlimmer ist es

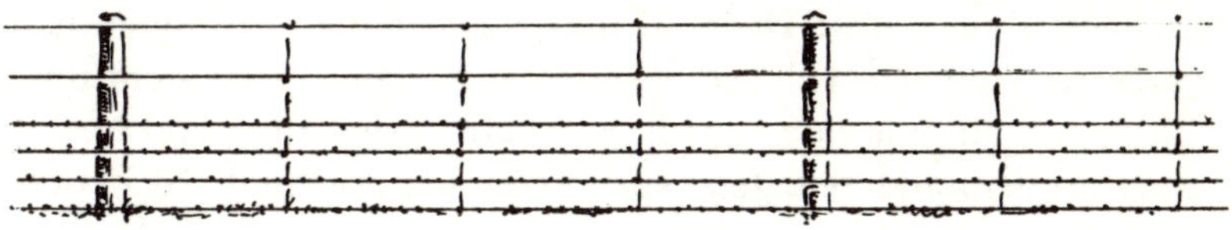

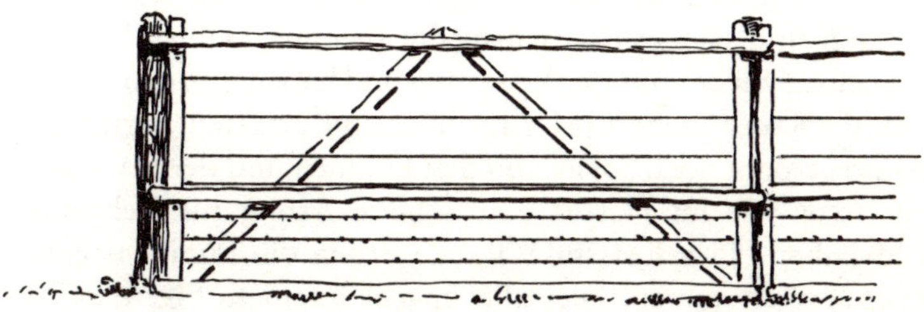

schon, wenn in der Nähe des Waldes Mais angebaut wird, auf den die Sauen besonders scharf sind. Ist der Hafer erst grün, so lassen sie von selber nach, besonders, da nun die Kartoffelschläge locken. Hier nehmen sie an den Waldrändern besonders die Vorgewende oft gänzlich fort und gehen auch tiefer in die Schläge. Doch sehr schlimm wird die Sache auch hier meist nicht. Zudem kann man sich gegen diesen Schaden verhältnismäßig leicht schützen, wenn man 30–50 Ztr. Kartoffeln opfert – es braucht nicht die beste Ware zu sein – und ihnen auf dem Wildacker in der Nähe ihrer Einstände ein Kartoffelfeld pflanzt; d. h. man tut nur so, als ob man richtig bestellte. Einem ordnungsliebenden Landwirt würden die Haare zu Berge stehen über diese Art von Bestellung. Es schadet nichts, die Hauptsache ist, die Sauen lassen sich täuschen und der Zweck wird erfüllt. So pflügen wir den über Herbst und Winter verunkrauteten Wildacker tief um und lassen hinter dem Pfluge ein Mädchen gehen, das in die Furche in Abständen von 50–60 cm eine Kartoffel fallen läßt. Der nächste Pflug deckt die Kartoffeln dann zu. Zum Schluß wird die ganze Geschichte mit einer schweren Egge mehrmals überzogen.

Wenn unser Landwirt auch noch so entsetzt über soviel Liederlichkeit ist, die Sauen nehmen es für einen richtiggehenden Kartoffelacker und brechen alles um und um, bis sie die letzte Kartoffel gefunden haben. Keine einzige kommt dazu, ein grünes Blatt zu bilden. Das dauert immerhin seine 14 Tage bis 3 Wochen, und wir freuen uns! Denn in dieser Zeit haben die Sauen ganz vergessen, auf den Feldern Schaden zu machen. Jetzt sieht unser Wildacker aus wie eine Mondlandschaft. Tiefe Krater und Löcher, eines an dem anderen. Jetzt spendieren wir nochmals 20 Zentner Kartoffeln, die dann sowieso nicht mehr viel taugen, und streuen sie in die Löcher, nehmen ein Gemisch von Lupinen, Serradella und etwas Hafer und säen es breitwürfig darüber aus. Dann schleppen wir das Ganze wieder mit der Egge über und haben nun den Erfolg, daß sich die Sauen weitere 14 Tage mit den Kartoffeln vergnügen und daß trotzdem noch soviel von den Lupinen und der Serradella aufläuft, daß wir im Herbst eine schöne Äsung für Rehe und Rotwild haben. Ja selbst im Winter werden die Lupinenstengel noch gern angenommen. Dies alles macht in einem Eigenjagdbezirk keine Schwierigkeiten. In Pachtjagden dagegen gehört schon ein gewisses Geschick des Pächters dazu, ein geeignetes Stück Land zur Anlage eines solchen Wildackers zu bekommen und auch dessen Bestellung zu sichern.

Doch wenn draußen die Haferfelder reifen, dann ziehen diese doch mehr an als unser schönster Wildacker. Jetzt müssen wir uns auf einen ganz netten Wildschaden gefaßt machen. Reifenden Hafer, auch Gemenge mit Erbsen, lieben die Sauen nun einmal zu sehr und lassen sich auch durch Scheuchen und Schießen nur kurze Zeit davon abhalten. Aber die Sauen sind jetzt schon im besten Zustand, und ein bis zwei gute Überläufer, die wir uns bei dieser Gelegenheit holen, gleichen schon einen kleinen Schaden aus. Man muß sich schließlich sagen, daß von der Luft allein selbst der Mensch nicht leben kann und auch das Vieh im Stall gefüttert werden will, wenn es schlachtreif werden oder einen Ertrag bringen soll.

Aber manchmal wird es doch selbst bei der philosophischsten Betrachungsweise zu bunt. So hatten wir in einem besonders regenreichen Sommer auf dem Vorwerk einen Schlag von 30 Morgen Hafer. Und da bei unserm leichten Boden die nassen Jahre die besten sind, so stand der Hafer sehr schön. Sobald nun der Hafer milchreif wurde, suchte ihn jede Nacht eine Rotte von 30 Sauen heim. In der Feistzeit hatte ich besseres zu tun, als ausgerechnet diese Sauen zu kehren. So weit abseits wie auf dem Vorwerk kommt man immer etwas zu spät mit dem Mähen hin, und so sah der Hafer schon nicht mehr sehr schön aus, als er endlich dran kam. Dann regnete es dauernd, so daß man ihn beim besten Willen nicht aufbinden konnte. Den Sauen aber war es gerade recht, denn sie brauchten nun nicht mehr so hoch zu langen und konnten ihn von der Erde aufnehmen. Als dann schließlich ein paar gute Tage kamen, war nicht mehr viel zum Zusammenbinden übrig, zum Dreschen lohnte es auch nicht mehr, und so wurde der Rest mit der Hungerharke zusammengeschleppt und als Futterstroh verwendet. Die Rechnung war katastrophal auch für einen besonderen Freund der Sauen. Immerhin war ich froh, daß ich nicht Jagdpächter war.

Ist das Sommerkorn vom Felde, so bleiben immer noch die

Kartoffeln übrig. Mit ihrem feinen Geschmack wissen die Sauen bald die zuerst reifenden und schmackhaftesten zu finden. Kann hier der Schaden auch ziemlich erheblich werden, so ist er doch nicht so schlimm wie beim Rotwild. Dieses schlägt die Stauden mit den Läufen aus dem Boden, läßt aber das meiste liegen. Tritt dann früher Frost ein, so frieren die oben liegenden Knollen an, kommen dann beim Sammeln in die Miete, wo sie bald anfangen zu faulen und die anderen Kartoffeln anstecken. Die Sauen dagegen nehmen die herausgenommenen Stauden auch restlos weg.

Mit gutem Willen läßt sich aber auch hier der Schaden erheblich herabmindern. Zunächst baut man solche Sorten, die sie besonders bevorzugen, oder besonders wertvolle Sorten, die man als Saatkartoffeln verwerten will, nicht gerade dort an, wo erfahrungsgemäß mit dem meisten Wildschaden zu rechnen ist. Auch als Jagdpächter wird man vielfach die Bauern veranlassen können, wertvolles Saatgut nicht gerade in Waldnähe anzubauen und gefährdete Schläge zuerst zu ernten. Die modernen Elektrozäune, die ja auch zur Einkoppelung von Vieh benutzt werden, sind billig in Anschaffung und Gebrauch, und sehr geeignet, besonders gefährdete Früchte für kürzere Zeit zu schützen. Doch muß man sich darüber klar sein, daß hierdurch der Wildschaden nur verlagert wird, da das Wild dann auf andere Flächen drängt.

In den anderen Hackfrüchten, den verschiedenen Rübenarten, machen die Sauen kaum Schaden. Die Löcher, die sie nach Mäusen in den Stoppel- und Serradellaschlägen brechen, kann man aber überhaupt nicht als Schaden ansehen. Im Gegenteil machen sie sich hier entschieden nützlich.

Zusammenfassend kann man also feststellen, daß der Schaden des Schwarzwildes im Felde doch so erheblich werden kann, daß es sich in größerem Ausmaß mit den Belangen der Landeskultur nicht verträgt. Deshalb muß es in Gegenden mit sehr hoch entwickelter Landwirtschaft kurz gehalten werden und wird es auch. Wo aber Wald und Feld in einer Hand sind, da gleicht sich der Schaden auf dem Felde durch den Nutzen im Walde zum größten Teil wieder aus, und der Nutzen überwiegt erheblich, wenn durch die Sauen die Überhandnahme von Forstschädlingen verhindert werden kann.

Hauptsächlich aus diesem Grunde wird ihnen in solchen Revieren, wo Feld und Wald in einer Hand sind, viel durch die Finger gesehen, da man den Schaden ja allein trägt. Für den Pächter einer dem Walde vorgelagerten Feldjagd dagegen kann ein zu starker Schwarzwildbestand verheerend wirken. Er kann große Summen für den Wildschaden ausgeben und hat kaum die Möglichkeit, die Sauen waidgerecht zu bejagen.

Das Scheuchen auf dem Felde, Ablappen und Anbringen von Klingelzäunen, Teerlappen oder anderen Verstänkerungsmitteln, ja sogar Selbstschüsse, haben nur für kurze Zeit eine Wirkung. Dann gewöhnen sich die Sauen daran und drängen erst recht dorthin, als wenn sie es aus reiner Bosheit täten. Selbst brennende Laternen und angebundene Hunde halten sie nur kurze Zeit ab, z. B. Kartoffelmieten anzunehmen. Hier hilft am besten ein fester Zaun aus Stachel- oder Maschendraht, der sich schon lohnt, wenn man einige hundert Zentner Kartoffeln schützen will. Auch kann solch ein Zaun jedes Jahr wieder benutzt werden. Im übrigen haftet ja der Jagdpächter für Schaden an abgeernteten und eingemieteten Feldfrüchten nicht.

Am abschreckendsten wirkt ohne Zweifel für einige Zeit der Abschuß eines Stückes aus der Rotte. Nur mit führenden Bachen kann man nicht viel anfangen. Doch hilft es auch hier in der Not, wenn man möglichst dicht bei der Bache einen Frischling abschießt, auch wenn er noch nicht recht zu gebrauchen ist.

Wie wir vorhin schon bei der Verhinderung des Wildschadens auf den frisch gepflanzten Kartoffelschlägen gesehen haben, kann man die Sauen erheblich von den Feldern abhalten, wenn man die Wildäcker gut in Ordnung hat. Sie halten sich dann zunächst dort eine Weile auf, und es bleibt ihnen nicht viel Zeit, draußen Schaden zu machen.

Man kann auch keinen Wildacker instand halten, wenn man ihn nicht wenigstens teilweise einzäunt. Sonst lassen die Sauen die Früchte gar nicht erst zur Entwicklung kommen. Am zweckmäßigsten teilt man das Wildfeld in mehrere Abteilungen, die man abwechselnd mit Hafer, Erbsengemenge oder Süßlupinen und Kartoffeln bestellt. Die Pfähle der Einzäunung läßt man fest stehen und befestigt an ihnen 1 m hohen starken Maschendraht, aber so, daß die Sauen ihn nicht hochheben können. Darüber heftet man Durchforstungsstangen, damit das Rotwild den Zaun nicht überfällt. Hat man viel Holz zur Verfügung, so lassen sich auch ganze Holzgatter machen, etwa 4 m lang und 180 cm hoch, die mit Draht an den Pfählen befestigt werden und leicht abgenommen werden können. Nach Bedarf wird nun einTeil des Wildackers nach dem andern aufgemacht, indem der Draht oder die Hürden fortgenommen werden, so daß das Wild immer wieder etwas Neues findet.

Fütterung

Obgleich die Notzeit des Schwarzwildes meist erst im Januar beginnt, wird der anständige Jäger und Heger nicht erst dann mit der Wildfütterung oder *Schüttung,* wie man es bei den Sauen bezeichnet, anfangen. Schon aus dem Grunde, um sie im Revier zu halten und zu verhindern, daß sie in andere Reviere mit besonders guter Mast, oder in denen gut gefüttert wird, auswandern. Denn jetzt über Herbst und bei offenem Wetter im Winter sollen sie ja ihre Hauptaufgabe erfüllen, die verpuppten Raupen der schädlichen Insekten in den Beständen zu suchen und sich dadurch nützlich zu machen. Außerdem will man ja nun auch endlich, wo die Hauptjagdzeit beginnt, von ihnen jagdliche Freude genießen, nachdem sie den ganzen Sommer über auf den Feldern zu Schaden gegangen sind.

So werden wir schon Anfang November, sobald die Felder frei sind, die Fütterung beschicken. Dicht an ihren Standdickungen oder mitten zwischen ihnen auf Schneisen und Blößen schütten wir einen Sack Kartoffeln, Zuckerrübenköpfe, notfalls auch Futterrüben, breitwürfig aus, so daß die Schüttung recht groß wird und auch die schwachen Stücke der Rotte zu ihrem Recht kommen können. Besteht Frostgefahr, so deckt man die Kartoffeln und Rüben mit einer Schicht Kaff (Spreu) zu, in der die Sauen auch sonst gern herumsuchen. In jedem Wirtschaftsbetrieb fällt sogenanntes Hinterkorn an, das keinen großen Futterwert besitzt und von den Bauern billig zu bekommen ist. Auch hiervon streut man ein paar Handvoll im weiteren Umkreis aus, damit möglichst viel Sauen gleichzeitig heran können und nicht die stärksten die anderen abschlagen.

Ganz wild sind die Sauen auf *Mais,* fast dieselben Dienste tun aber auch Eicheln, die man dort, wo die Sauen nicht hinkommen, z. B. in Gärten und Parks, für billiges Geld von Kindern sammeln lassen kann. Sie müssen aber gut eingemietet werden, damit sie nicht schimmeln. Die Kastanie wird in der freien Wildbahn von den Sauen vielfach nur ungern oder überhaupt nicht angenommen.

Die Schüttungen müssen regelmäßig alle paar Tage beschickt werden, sonst verlieren sie ihre Anziehungskraft. Will man sich zu Anfang diese Mühe ersparen, so genügt es auch, wenn man in der Nähe der Dickungen oder auf dem Wildfeld eine Kartoffelmiete anlegt und sie vorschriftsmäßig mit Erde zudeckt. Die Sauen finden sie bald und werden dadurch in der Nähe gehalten und haben jedenfalls eine geraume Zeit zu tun, ehe sie sie ganz vertilgt haben. Bei weiten Entfernungen zu den Schüttungen haben sich kleine, gedeckte Futterschuppen oder auch feste Einfriedigungen für die Futtervorräte bewährt, von denen aus die Schüttungen beschickt werden.

Wenn die Abdeckereibestimmungen der Gegend es zulassen, ist es sehr günstig, wenn man sich einen Luderplatz anlegt, den man mit totgeborenen Kälbern und ähnlichen Genüssen für die Sauen beschickt. Auch die Aufbrüche von anderem Wild gehören hierher.

Luderplätze wie Fütterungen unterhält man zweckmäßig immer auf den gleichen feststehenden Stellen, damit die Sauen sie nicht erst zu suchen brauchen und sich an die Plätze gewöhnen. Sie müssen bis zum Frühjahr beschickt und dürfen nur allmählich eingestellt werden.

Auswahl beim Abschuß

Sorgt man so im Winter für das Schwarzwild und im Sommer durch Anlage von Wildäckern und andere geeignete Maßnahmen für die Einschränkung des Wildschadens, so kann man einen ganz beträchtlichen Bestand an Sauen halten, ohne daß es unvereinbar mit der Landeskultur wäre.

Es liegt uns ja aber auch gar nicht daran, einen zahlenmäßig besonders starken Wildstand bei den Sauen heranzuzüchten, wir legen vielmehr Wert darauf, daß er in seinen einzelnen Stücken gesund, kräftig und widerstandsfähig ist und in seinen stärksten Vertretern gute Beutestücke mit gutem Beutezeichen liefert. Zu diesem Zweck stellt man bei anderen Wildarten Abschußpläne auf, läßt das männliche Wild älter werden und sorgt durch Ausmerzen schwacher Stücke dafür, daß der Wildstand gesund und stark bleibt.

Es wäre vermessen, zu behaupten, daß man sich bei den Sauen in dem größten Teil der Reviere hierüber große Sorgen macht. Man kommt sich schon schrecklich waidgerecht vor, wenn man bei den Winterjagden den Abschuß der führenden Bachen verbietet. Aber sonst wird jedes Stück, ohne daß man sich große Gedanken macht, beschossen und am liebsten auf das dickste Stück gehalten. Es könnte doch der starke Keiler sein, den man schon immer ersehnt. Sieht man sich dann die Strecken einer Jagd an, so liegen da zum großen Teil Frischlinge, ein paar Überläufer, als stärkstes Stück meist eine alte Bache, und ein 3jähriger Keiler erregt schon fast Aufsehen.

Der Traum eines jeden Waidmannes, der auf Schwarzwild jagt, ist doch die Erlegung eines wirklichen Hauptschweines. Wo sollen die aber herkommen, wenn sie schon als Frischlinge und Überläufer totgeschossen werden. Daß keine Kapitalhirsche heranwachsen können, wenn man sie schon als Spießer und Sechserchen abwürgt, ist auch dem Einfältigsten klar, bei den Sauen denkt man aber meist gar nicht erst soweit.

Es erscheint mir aber an der Zeit, auch beim Schwarzwild diese Gedankengänge einmal anzuschneiden und zu überlegen, ob nicht auch bei ihnen so etwas wie eine Hege mit der Büchse und Auswahl der Stücke möglich ist. Es sind schon Stimmen laut geworden, die die Einführung eines Abschußplanes für das Schwarzwild befürworten. Ich halte dies nicht für durchführbar, da gegenüber dem Aktionsradius der Sauen und der Verschiebung der Einstände im Laufe des Jahres die Reviere zu klein sind.

Die einzige Möglichkeit einer gewissen Bewirtschaftung sehe ich in dem Zusammenschluß zu Schwarzwildringen, die je nach den örtlichen Verhältnissen Richtlinien aufstellen, die eine Regulierung des Altersklassenverhältnisses und das Heranziehen starker Keiler bezwecken. Diese Richtlinien werden immer einen starken Eingriff in die jüngsten Jahrgänge und eine Schonung der groben Sauen, besonders der Keiler, bis zur Reife vorsehen müssen. Die zehnjährigen Bemühungen der beteiligten Jäger im Rahmen des „Lüneburger Modells“ haben durch weitgehende Beschränkung des Abschusses auf Frischlinge und Überläufer – bis zu 50 kg Gewicht aufgebrochen – beachtliche Erfolge, insbesondere im Hinblick auf das Heranwachsen alter starker Keiler, gebracht. Während früher auf 1000 erlegte Sauen 1 guter Keiler zur Strecke kam, ist dieses Verhältnis heute 100:1, und pro 100 erlegte Sauen (bis 50 kg) wird 1 Keiler freigegeben, der mindestens 5jährig sein bzw. 100 kg wiegen muß.

Die Schußzeitenregelung lautet z. Zt. (1980) wie folgt:
16. Juni bis 31. Januar – Sauen bis 50 kg
1. Februar bis 31. März – Nur Frischlinge des laufenden Jagdjahres
1. April bis 16. Juni – Sauen bis 25 kg
Die freigegebenen Keiler sind frei ab 1. September bis 31. Januar.

Es ist ein allbekannter züchterischer Grundsatz, daß eine Rasse immer mehr zurückgeht, wenn man die stärksten und kräftigsten Exemplare von der Fortpflanzung ausscheidet und mit den schwächeren weiterzüchtet. Das beste Beispiel haben wir ja an unseren Rehbeständen, wo infolge 80jährigen steten Abschusses der besten Böcke die Minusvarianten die Oberhand bekommen haben und die Gehörnbildung daher immer mehr zurückgeht.

Das sollte uns ein warnendes Beispiel sein, es bei den Sauen nicht ebenso zu machen. In jeder Rotte von Überläufern sind die einzelnen Stücke nicht gleich stark. Es gibt schon bei den gleichaltrigen Geschwistern stärkere und schwächere. Es leuchtet ein, daß sich die stärkeren besser zur Nachzucht eignen, kräftigere Nachkommen hervorbringen und so eine bessere Gewähr für die Erhaltung einer starken Rasse bilden als die schwachen Stücke.

Daher ist es grundfalsch, auf das stärkere Stück der Rotte zu halten, denn auf ein paar Pfund Gewicht kommt es wirklich nicht an. Im Gegenteil soll man stets das schwächste Stück aufs Korn nehmen, da es zur Nachzucht am ungeeignetsten ist. Sind keine krassen Unterschiede in der Stärke festzustellen, so ist doch vielleicht ein

Stück dabei, das lahm geht oder das auffällig im Haarwechsel gegen die anderen zurück ist. Dies zeigt immer an, daß das betreffende Stück irgendwie nicht ganz in Ordnung ist. Alle diese Beobachtungen kann man aber nur machen, wenn man die Sauen noch bei einigermaßen gutem Licht trifft, nicht in finsterer Dämmerung.

Das gleiche gilt für das Ansprechen der Geschlechter. Denn auch hier ist es nötig, eine Auswahl zu treffen. Bis in den Mai hinein wird man aus Sicherheitsgründen auch aus Überläuferrotten nur auf Keiler schießen, da man nicht genau wissen kann, ob die Überläuferbache nicht doch beschlagen geht, oder ob es sich um eine schwächere zweijährige Bache handelt.

Wenn aber die Zeit schon etwas weiter fortgeschritten ist, und man die führenden Bachen mit Sicherheit an dem abweichenden Zustand des Borstenkleides ansprechen kann, dann sollte man sich aus den Rotten die *Bachen* heraussuchen. Von diesen gibt es meistens genug, besonders, wenn man die alten Bachen schont. Um jeden Keiler aber, der als Überläufer totgeschossen wird, ist es jammerschade, denn er kann sich nicht mehr zum Hauptschwein auswachsen. Anders ist es natürlich in Revieren, wo der Schwarzwildstand erst im Entstehen begriffen ist. Da ist jede gesunde Bache für den Aufbau des Bestandes wertvoll.

Ebenso soll man nicht auf jede einzeln gehende Sau, die man als Keiler ansprechen kann, Dampf machen. Wie wir gesehen haben, trennt sich schon der Überläuferkeiler im Herbst von der Rotte, und so sind solche Eingänger häufig 1½ – 3jährige Keiler, die dem, der schon mehr Sauen geschossen hat, doch keine reine Freude mehr machen, und deren Gewehre er sich kaum an die Wand hängt. Man hat dann ungefähr dasselbe Gefühl, mit dem man vor einem prahlenden jungen Zukunftsbock steht: „Schade, in 3 – 4 Jahren wäre einmal etwas aus dir geworden." So soll man sich solche Eingänger, sofern Zeit dazu ist, recht genau ansehen, bevor man den Finger krumm macht. Bei gutem Licht fällt bei groben Keilern oft die durch die Haderer hochgezogene Oberlippe auf. Von den Gewehren selbst ist aber meist wenig zu sehen. Ein gerechtes und sicheres Zeichen ist aber m. E. die starke und lange Pürzelquaste, die, wenn man erst einmal darauf achten gelernt hat, sehr auffällig ist. Der 2- und der 3jährige Keiler hat sie noch nicht.

Auf den Jagden kann man natürlich eine so scharfe Auswahl nicht treffen und auch nicht von seinen Gästen verlangen. Man kann sie aber wohl anhalten, nicht besinnungslos auf das dickste Stück aus der Rotte zu halten, sondern stets auf das schwächste. Erleichtert wird dies sehr, wenn man nicht auf engen Schneisen anstellt, sondern weiter ab, wo gute Sicht ist und die Sauen auch schon langsam kommen.

Ob sich das Schwarzwild in einem Revier wohl fühlt, hat der Heger zum großen Teil selbst in der Hand. Die Hauptbedingungen sind vor allem Ruhe und ausreichend große windgeschützte Dickungen. Diese Ruhe zu schaffen, zunächst einmal durch Fernhalten aller Leute, die im Walde nichts zu suchen haben, ist das Wichtigste. Dann wird der Freund der Sauen, sofern er selber der Waldbesitzer ist, in ihre Lieblingsplätze so spät wie möglich mit der Axt eindringen und rechtzeitig Ersatz durch neue Dickungen schaffen. Hier wird er nach Möglichkeit an geeigneten Stellen Fichten einbringen und auch durch Unterbau sorgen, daß überall Fichtenhorste im Wald zu finden sind. In licht werdenden Dickungen kann man die Sauen noch mehrere Jahre halten, wenn man ihnen dort ganz primitive mit Stroh oder Fichtenzweigen gedeckte Hütten baut, unter die sie sich gern einschieben, ja darin frischen. Hat das Revier nicht genügend natürliche Suhlen, so lassen sich ohne große Schwierigkeiten mit einigen Fuhren Lehm an geeigneten tiefgelegenen Stellen solche künstlich schaffen und werden bald angenommen.

Nicht zuletzt aber ist die Art des Jagdbetriebes ausschlaggebend für das Wohlbefinden der Sauen. Wird auf jedes auftauchende Stück Dampf gemacht, so werden sie entweder so heimlich, daß man außer den Fährten und dem Schaden auf dem Felde kaum etwas von ihnen merkt, oder sie wechseln in ruhigere Gegenden aus. Behandelt man sie dagegen mit Liebe, läßt man auch einmal den Finger gerade und freut sich nur an ihrem Anblick, so werden sie bald so vertraut, daß man sie auch bei gutem Büchsenlicht überall zu sehen bekommt. Ein Wahlabschuß ist dann natürlich viel leichter. Ebenso schätzen sie es gar nicht, wenn den ganzen Winter über bei jeder Neuen hinter ihnen gekäschert wird. So ist

Sommerkeiler

die pfleglichste Bejagung ein nicht zu starker, aber sorgfältig ausgesuchter Sommer- und Herbstabschuß auf Pürsch und Anstand und *eine* groß angelegte Winterjagd, vielleicht in Verbindung mit dem Kahlwildabschuß. Schafft man auf dieser den vorgesehenen Abschuß nicht, so kann man noch eine kleinere Jagd folgen lassen und schließlich noch bei Spürschnee den einen oder anderen starken Keiler aus kleinen Dickungen, in denen nicht die Masse der Sauen steckt, drücken lassen.

Als Anhalt für die Abschußhöhe kann man in Revieren mit ausgesprochenem Standwild ungefähr die Zahl der Frischlinge nehmen, die meist bekannt sein wird, denn diese stellt ja den Zuwachs dar, den man getrost fortnehmen darf, ohne den Bestand zu schädigen.

Schaffung neuer Bestände

Begeben wir uns nun aber einmal von den gutbesetzten Revieren in die weitere 10–20 km entfernte Nachbarschaft, wo zwar auch die Verhältnisse für das Schwarzwild günstig sein könnten, bis jetzt aber nur Rotwild als Wechselwild vorkommt, und alle Jubeljahre einmal eine Sau ihre Fährte zieht.

In einem solchen Revier spürt bei einer der letzten Neuen Ende Januar der Jagdaufseher die Fährte einer groben Sau. Er umschlägt die Dickungen, bis er sie fest hat. Schnell eilt er nach Hause und benachrichtigt seinen Jagdherrn. Der ist hocherfreut über den seltenen Zufall und telefoniert schnell noch einige Freunde herbei. *Die* Gelegenheit will er sich nicht entgehen lassen, wo doch mit Sicherheit damit zu rechnen ist, daß die Sau morgen wer weiß wo steckt, nur nicht in seinem Revier. Sauen hat er noch sehr wenige geschossen, ein paar starke Gewehre fehlen ihm gerade noch an seiner guten Wand, die Gelegenheit kommt so leicht nicht wieder, das Jägerherz schlägt höher in der Brust. – Die Dickung wird umstellt, der Jagdaufseher zeigt jagdlichen Instinkt und stellt seinen Herrn auf die Stelle, die als der beste Fuchsposten gilt und wirklich, die Sache gelingt, der starke schwarze Kasten kommt dem Jagdherrn und prasselt am jenseitigen Rand verendet zusammen.

Alles kommt zusammen und steht bald um die – hochbeschlagene alte Bache.

Schade! Denn diese alte Bache hatte sich die ruhige Dickung gerade ausgesucht, um dort zu frischen, und wäre die Stammutter eines Schwarzwildbestandes geworden, an dem der Jagdherr jahrelang seine Freude und seinen jagdlichen Genuß hätte haben können. Durch den voreiligen Schuß sind nun die Aussichten zerstört, bis sich wieder einmal, vielleicht nach Jahren, eine andere Bache dorthin verirrt und zu bleiben beschließt.

Manchmal ist es auch wirklich ein Keiler, der als Kundschafter in dem Neuland erscheint, manchmal eine Überläuferrotte im Sommer, die von den führenden Bachen aus ihrem Heimatrevier herausgeekelt worden ist. Die Bachen dieser Rotte würden in der Rauschzeit einen oder mehrere Keiler nach sich gezogen haben, sie würden in ihrer neuen Heimat gefrischt haben und mit ihrer Nachkommenschaft dort geblieben sein, wenn, ja wenn sie in Ruhe gelassen worden wären. Doch das passiert ihnen in den seltensten Fällen. Meistens überwiegt die Jagdlust auf diese für den Revierbesitzer neue und seltene Wildart. Sie werden beschossen, wo sie sich zeigen. So ist es kein Wunder, daß es ihnen dort nicht gefällt, und sie sich nach ruhigeren Revieren umsehen.

Vor kurzem erzählte ein alter Sauerländer Jäger, daß in seiner Gegend im Winter 1907 eine Rotte von 7 Überläufern aufgetaucht wäre, wahrscheinlich, um dort heimisch zu werden. Durch eifrige Bejagung sei aber die ganze Rotte im Laufe des Winters bis auf das letzte Stück aufgerieben worden. Es hätte 40 Jahre gedauert, bis im Jahre 1947 wieder die ersten Sauen in der Gegend erschienen.

Werden die Sauen dagegen nur etwas freundlich aufgenommen, so vermehrt sich der Bestand infolge der großen Fruchtbarkeit der Sauen außerordentlich schnell. Ich habe in meiner pommerschen Heimat mehrfach Gelegenheit gehabt, die Entwicklung eines Schwarzwildbestandes von seinem Anbeginn zu verfolgen. Gleich nach dem ersten Weltkrieg lernte ich auf einem größeren Gut in Hinterpommern, das in zwei getrennten Teilen einen Wald von etwa 2000 Morgen hatte. Hin und wieder kam mal ein Stück Rotwild vor, besonders standen in der Feistzeit dort einige Hirsche, Sauen gab es so gut wie gar nicht. Da stellten sich eines Tages in dem einen Teil von 1000 Morgen, der Anschluß an anderen Wald hatte, und in dem gute Dickungen vorhanden waren, ein paar Überläufer ein. Ihre Ankunft wurde zunächst wohl gar nicht bemerkt, erst im Sommer fielen sie durch den Wildschaden auf dem Felde auf. Der Jagdherr freute sich über sie und ließ nur gelegentlich ein Stück abschießen. Im nächsten Jahr frischten sie schon im Revier, und die Grundlage eines Bestandes war gelegt.

Im Winter 1927/28 wurde die erste Drückjagd versucht, auf der vier Sauen zur Strecke kamen. Nach der Zahl der Sauen, die vorgekommen war, konnten es mehr sein, doch ist es klar, daß bei solch ersten Versuchen in neuen Revieren „die Sauen noch nicht wissen können, wo die Schützen stehen". So kann man die Sache jedenfalls auch auffassen. Auf einer anderen Jagd in der Gegend, wo früher oft und viel auf einzelne eingekreiste Keiler gekäschert wurde, war jedenfalls der anstellende Förster sehr empört, als ein Keiler ganz unvorschriftsmäßig zurück und durch den Fluß ging. „Das muß mindestens ein Fremdling gewesen sein", schimpfte er, „daß er noch nicht einmal weiß, wo hier die Hauptwechsel gehen."

Im nächsten Jahr konnte wieder eine Jagd gemacht werden, und der Hofmeister des Vorwerks, auf dem der meiste Wildschaden war, sagte zu mir: „Ick weeß nich, det Ungeziefer vermehrt sich immer mehr; als Sie vor zehn Jahren hier waren, jabs die Biester überhaupt noch nicht, und nun fressen sie uns alles uf." Aber im November 1929 war es noch schlimmer, jedenfalls vom Standpunkt unseres Hofmeisters aus, da kamen in drei Treiben, die gemacht wurden, an die 80 Sauen vor und 11 kamen zur Strecke. Auf einer zweiten Jagd wurden noch 4 geschossen. Doch nach diesem Höhepunkt flaute es ab, da die Dickungen durchforstet und zu licht wurden, und in dem langgezogenen Revierteil keine anderen Standorte für die Sauen vorhanden waren.

In einem einige Kilometer entfernten Revier, das durch einen Gemeindewald Anschluß an das eben beschriebene hatte, war die Sache ganz ähnlich. Auch hier gelangen gelegentlich kleine Versuche zum Drücken meistens vorbei, da eben keine Sauen da waren. Plötzlich hob sich der Bestand, und im Dezember 1930 wurde von einem Jagdleiter, der sehr viel verstand, eine Jagd mit nur zwei großen Treiben angelegt, die 10 Sauen und 3 Stück

Rotwild brachte. Auch für ostdeutsche Verhältnisse eine sehr ansehnliche Strecke.

Das sind so Musterbeispiele aus meiner nächsten Bekanntschaft, die man aber beliebig vermehren kann. Fast überall, wo sich neue Bestände gebildet haben, und solche Reviere gibt es viel, sind sie in der Regel zunächst aus einer führenden Bache oder ganz wenigen Stücken entstanden, die mit Verständnis gehegt und nicht beim ersten Auftreten aus dem Revier herausgeekelt worden sind.

Drum, lieber Waidgenosse, wenn Du in Deinem bisher saureinen Revier zum erstenmal die Fährte von Sauen spürst, bezwinge Deine Jagdlust, rufe nicht gleich Deine Freunde zu einer fröhlichen Saujagd zusammen, sondern halte am besten den Mund, füttere an verschwiegenen Stellen mit ein paar Kartoffeln, opfere einen Sack Mais und sei nicht kleinlich mit etwas Wildschaden. Dann wirst Du mit großer Wahrscheinlichkeit in ein paar Jahren die Freuden der Saujagd im eigenen Revier genießen können.

Waidmannsheil hierzu!

3 Die Jagd

Wohl keine andere Wildart bietet so viele Möglichkeiten zur Bejagung fast das ganze Jahr hindurch wie das Schwarzwild. Von der Zeit der Rehbockpürsch an bis Ende Januar hat der Jäger Gelegenheit, auf Sauen zu Schuß zu kommen. Die einzige Ausnahme bildet das Frühjahr, besonders nach einem strengen Winter, weil da die Sauen oft sehr abgekommen sind und es nicht waidgerecht wäre, die bretterdürren Gestalten zu bejagen. War aber der Winter nicht zu hart, hatte vor allem der Heger durch ausreichende Fütterung für genügend Fraß gesorgt, so zeigen die Sauen selbst im Ostermond noch Weiß. In diesem Falle kann man es keinem Waidmann verdenken, wenn er bei einer zufälligen Begegnung, wie sie nicht selten auf dem Schnepfenstrich vorkommen kann, z. B. einem guten Keiler die Kugel hinters Blatt setzt, sofern er den Drilling führt und die Schonzeitbestimmungen es erlauben. Doch muß man um diese Zeit mit dem Ansprechen besonders vorsichtig sein, da jetzt auch die hochbeschlagenen Bachen schon allein gehen, oder bereits gefrischt haben.

Auch wenn um den April die Sauen die eben gesäten Haferfelder an den Waldrändern umbrechen und etwas später im Mai nach den frisch gepflanzten Kartoffeln suchen, kann man sich mit gutem Gewissen aus einer einwandfrei angesprochenen Überläuferrotte ein Stück heraussuchen, um den Wildschaden in angemessenen Grenzen zu halten.

Doch wird es sich in allen diesen Fällen um einen gelegentlichen Abschuß handeln, während eine planmäßige Bejagung um diese Zeit nicht in Frage kommt.

Wenn das Korn aber erst hoch ist, das Wild sich von den Nöten des Winters endgültig erholt hat und gut bei Leibe ist, dann kann man sich ohne Bedenken je nach der Stärke des Bestandes und der

Größe des Wildschadens eingehender mit dem Abschuß der Sommersauen befassen und wird hohen jagdlichen Genuß davon haben. Eins ist aber den ganzen Sommer bis in den September hinein zu bedenken: Genaues Ansprechen, damit keinesfalls versehentlich eine führende Bache erlegt wird!

Das ist nicht immer so einfach. Im Felde verschwinden die Frischlinge leicht im Korn und der übrigen Bodenbedeckung. Im Bestande und über Schneisen kommt die alte Bache oft weit vor den Frischlingen, und so wird es dem vorsichtigen Jäger oft vorkommen, daß er eine günstige Gelegenheit zum Schuß nicht ausnutzen kann. Vor allem soll man auf einzelne Stücke nicht schießen, wenn man sie nicht einwandfrei als Keiler angesprochen hat. Das ist aber auf dem Felde in Kornschlägen, ja auch in den Kartoffeln kaum möglich, da die untere Hälfte der Stücke fast immer verdeckt sein wird, und wenn man den Keiler an den Gewehren ansprechen will, müssen es schon ganz besonders günstige Verhältnisse sein. Aber auch bei einer Rotte stärkerer Sauen soll man vorsichtig sein, da sich auch mehrere – ich habe bis zu fünf erlebt – führende Bachen zusammenschlagen. So bleiben um diese Jahreszeit eigentlich nur Überläuferrotten übrig, aus denen man sich ohne Sorge ein Stück aussuchen kann.

Einen Anhalt bietet, wie weiter oben gezeigt, für den erfahrenen Jäger der Fortschritt des Haarwechsels. Überläufer und ältere Keiler stoßen das Winterhaar früher ab und sehen schon hell und nackt aus, wenn die führenden Bachen noch das volle Winterkleid tragen. Später beginnen sie schon, mit dem Kamm anfangend, sich die dunkle Winterschwarte zuzulegen, wenn die alten Bachen noch wie kurzgeschoren und hell herumlaufen. Doch muß man dauernd im Revier sein und oft mit Sauen zusammenkommen, um vergleichen zu können und über den Fortschritt des Haarwechsels auf dem laufenden zu sein, da er sich jahrweise, je nach der Witterung, um Wochen verschieben kann.

Als Hauptjagdarten im Sommer und Herbst kommen in Betracht die Pürsch und der Anstand.

Pürsch

Wie bei dieser Jagdart auch auf anderes Schalenwild, besteht der Sinn der Pürsch darin, das Wild aufzusuchen, um zu Schuß zu kommen. Bei dem feinen Wittrungsvermögen der Sauen ist es eine Selbstverständlichkeit, daß man nicht mit dem Winde an das Wild herankommen darf. Da das Schwarzwild aber sehr schlecht äugt, so braucht man sich im allgemeinen nicht so vorsichtig zu bewegen wie bei anderem Wild. Trotz seines an sich vorzüglichen Gehörs ist das Schwarzwild im allgemeinen gegen Geräusche ziemlich unempfindlich, da es in der Rotte selbst laut ist und auch einzelne Sauen beim Brechen die Annäherung des Jägers leicht überhören. Doch ist deshalb schon vorsichtiges Pürschen zu empfehlen, weil man sonst anderes Wild leicht vergrämt, das mit seinem Abspringen und Schrecken die Sauen auf die Anwesenheit des Jägers aufmerksam machen könnte. Geht z. B. auf dem Felde oder einem Wildacker, wo Sauen und Rotwild zufällig zusammenstehen, dieses flüchtig ab, so nimmt es totsicher die Sauen mit. In unübersichtlichem Gelände kommt man auch oft unvermutet sehr nahe an die Sauen heran, und dann kann natürlich jede unvorsichtige Bewegung und jedes Knacken eines Astes unter dem Fuß die Sauen zum Flüchten bringen.

Ihr Gesicht ist aber so schlecht, daß man, bei gutem Hintergrund vor allem, sie sogar auf offenem Felde angehen kann, wenn man gerade auf sie zugeht und unvorsichtige ruckartige Bewegungen vermeidet.

So pürschte ich einmal eine Rotte an, die Anfang Juni in den Kartoffeln, die gerade herauskamen, täglich ziemlichen Schaden machte. Bevor ich auf Schußnähe herangekommen war, waren die Sauen über eine Höhe weit aufs Feld gezogen. Da es noch hell genug war, ging ich frech hinterher. Als ich über die Höhe spähte, brachen sie 250 Schritt vor mir im Grunde. Nun ging ich geradewegs auf die Rotte zu, mit jedem Schritt weiter über die Höhe kommend. Da ich aber wohl günstigen Hintergrund durch den fernen Waldrand hatte, so kam ich bis auf 100 Schritte heran, ohne daß sie mich wegbekamen. Erst jetzt, als ich auf eine helle Sandschale kam, wurden sie unruhig und drängten sich quiekend und grunzend auf eine Stelle zusammen. Nun warf ich mich hin, um womöglich einen Schuß anzubringen. Doch da ich kein Fernrohr auf der Büchse hatte, so reichte das Licht nicht mehr ganz für einen sicheren Schuß aus. Trotzdem blieb ich ruhig liegen, um zu sehen, wie die Sache ausgehen würde. Nachdem sie sich noch eine Weile unschlüssig hin- und hergeschoben hatten, übernahm eine gelte alte Bache die Führung, aber zu meiner Überraschung nicht von mir fort, sondern schräg auf mich zu, so daß schließlich die ganze Rotte im Gänsemarsch auf 20–30 Schritte an mir vorbeikam, vermutlich ein Zeichen, daß sie sich über das Wesen des verdächtigen Klumpens ganz im unklaren waren.

Im Hochsommer, wenn das Getreide reift, wird man an den Feldrändern meist keinen großen Erfolg mit dem Pürschen haben. Die Deckung ist zu hoch, und die Sauen verschwinden fast völlig darin. Auch kommen sie, wenn die Tagesstände nicht ganz in der Nähe sind, am Abend zu spät. So wird sich die Pürsch in der Hauptsache darauf beschränken, die Sauen auf ihren Wechseln zwischen Tagesstand und Feld abzupassen, wenn sie nicht überhaupt über Tag im Korn stecken und das Pürschen dann überhaupt keinen Zweck hat.

Hat man masttragende Eichen und Buchen im Revier, so ist es im Herbst, wenn die Mast zu fallen beginnt, sehr aussichtsreich, solche Bestände abzupürschen, weil die Sauen dann schon frühzeitig zu erscheinen pflegen. Bei dem großen Radau, Streiten und Quieken, das sich bei dieser Gelegenheit abspielt, kommt man auch bei raschelndem Laub leicht auf Schußweite heran.

Ist man schußmäßig an die Rotte herangekommen und hat sich ein geeignetes Stück ausgesucht, so zögere man nicht lange mit dem Schuß. Bei der Lebhaftigkeit ihres Temperaments muß man jeden Augenblick gefaßt sein, daß sie ohne ersichtlichen Grund plötzlich durcheinanderfahren oder flüchtig abgehen. Zu große Sicherheitskommissare, die erst einen Baum zum Anstreichen suchen müssen, oder denen das Stück immer noch nicht breit genug steht, werden oft die günstige Gelegenheit verpassen. Doch auch, besonders im Holz, wenn die Sauen etwas von dem Jäger vernommen haben, sei es eine unvorsichtige Bewegung oder ein Geräusch, und nun blasend durcheinanderfahren, braucht man die Hoffnung noch

nicht aufzugeben, wenn nur der Wind gut ist. Sehr oft verhoffen sie nach ein paar Fluchten, um sich von der Ursache der Störung zu überzeugen. Hierbei treten sie oft breit oder schräg, so daß man ihnen dann noch die Kugel auf den richtigen Fleck setzen kann. Ja, ich habe es nicht selten erlebt, daß sie selbst Fehlschüsse aushielten, wenn in hügeligem Gelände der Schall täuschte, und sie nur etwas verwirrt durcheinanderfuhren, so daß ich mit dem nächsten Schuß die Sache besser machen konnte. Auch Dubletten sind mir auf diese Weise schon geglückt.

Einer Rotte, die in Bewegung ist, nachzupürschen oder ihr den Weg abzuschneiden, gelingt nur in den seltensten Fällen. Sie haben meist ein sehr eiliges Tempo am Leibe, halten sich auf geeigneten Stellen nur kurze Zeit auf, um dann, als ob sie die Zeit nachholen wollten, streckenweise zu trollen oder sogar flüchtig zu werden. So kommt man mit dem Nachpürschen eigentlich immer zu spät, besonders, wenn man quer durch den Bestand folgen muß.

Im Bestande sind größere Rotten meist ziemlich laut und ungeniert. Man hört ihr Streiten und Quieken manchmal schon Hunderte von Metern weit, so daß man sie auf den Laut anpürschen kann. Noch mehr als bei anderem Wild ist hierbei die Kenntnis der Wechsel die Voraussetzung zum Erfolg, denn auf dem Weg von und zu den Feldern werden diese mit großer Sicherheit gehalten.

Ein anderer Umstand, der dem Jäger das Erscheinen der Sauen anzeigt, ist im Sommer und Frühherbst das Schrecken der Rehe. Sitzt man an einem schönen, stillen Sommerabend, an dem man weit hören kann, auf einem erhöhten Punkt, so kann man am entrüsteten Schrecken der Rehe, meist der besorgten führenden Ricken, genau verfolgen, welchen Weg die Sauen nehmen. Ist es nicht zu weit, noch hell genug und weiß man, wohin die Reise vermutlich gehen soll, so kann man ihnen leicht den Wechsel abschneiden.

Was die Tageszeiten zur Pürsch anbetrifft, so kommen beim Schwarzwild als ausgesprochenem Nachttier nur die frühen Morgen- und Abendstunden in Betracht. Hierbei ist der Abend nur in solchen Revieren günstig, wo die Sauen infolge liebevoller Hege vertraut sind. Hier wird man oft genug Gelegenheit haben, noch bei vollem Büchsenlicht Sauen zu sehen. So habe ich die meisten Sommer- und Herbstsauen am Abend, und zwar bei recht gutem oder doch völlig ausreichendem Büchsenlicht, geschossen. Man pürscht ja auch im Sommer abends nicht ausschließlich auf Sauen, sondern nimmt bei der Rehbockpürsch den letzten Teil des

Abends, wenn man den Bock doch nicht mehr genau ansprechen kann, mit, um nach den Sauen zu sehen, oder sie laufen einem zufällig über den Weg.

Wo allerdings auf jede auftauchende Sau rücksichtslos Dampf gemacht wird, da ist es mit der Vertrautheit am Abend bald zu Ende, und man bekommt vor der tiefsten Dämmerung kein Stück zu Gesicht, geschweige denn zu Schuß.

Die Nachteile der *Abendpürsch* überhaupt sind ja bekannt: Das Licht wird von Minute zu Minute schlechter, und eine etwa notwendig werdende Nachsuche muß bis zum nächsten Morgen verschoben werden. Da ein Stück Schwarzwild, wenn es eine Sommernacht unaufgebrochen gelegen hat, meist verdorben, zum mindesten minderwertig ist, so hat der Schuß am Abend schon aus diesem Grunde seine Schattenseiten. Man schieße also nur, wenn das Licht noch zu einem sicheren Schuß ausreicht, der das Stück aller Voraussicht nach noch an demselben Abend in die Hand des Schützen bringt. Geht die Sache doch einmal schief, was auch dem besten Jäger gelegentlich mal passieren kann, nun so muß man das wenig erfreuliche Aufbrechen am nächsten Morgen mit in Kauf nehmen und das Stück möglichst im eigenen Haushalt verwerten.

Die *Frühpürsch* ist in dieser Beziehung günstiger und nicht nur aus diesem Grunde. In den kurzen Sommernächten verspätet sich das Schwarzwild leicht etwas und hält sich bis zu Beginn des

Büchsenlichtes, ja noch bei voller Helligkeit, auf dem Felde auf. Besonders nehmen im August auf Stoppel- und Serradellafeldern tiefliegende Mäusenester einzelne Stücke oft so in Anspruch, daß sie die Zeit völlig zu vergessen scheinen. Es ist manchmal sehr amüsant, zu beobachten, wie sie dann plötzlich – wie ein Mensch, der nach der Uhr gesehen und festgestellt hat, daß es schon viel später ist, als er dachte – ein schlechtes Gewissen über ihren Leichtsinn bekommen und nun aber eilig, eilig im Troll oder langen Fluchten dem Walde zustreben.

Doch auch, wenn man sie auf dem Felde nicht mehr abfaßt, ist noch nichts verloren. Sie bummeln auch auf dem Wechsel zu ihrem Einstand noch gern etwas herum, brechen hier und da noch ein bißchen, so daß man sie auch im Bestand noch manchmal trifft, wenn die Sonne schon hoch am Himmel steht. Zwar glückt dies weniger oft dem Jäger, der auf sie aus ist, als vielmehr Waldarbeitern, Schulkindern und ähnlichen harmlosen Leuten. Auch in den Standdickungen bummeln sie noch gerne eine Weile, ziehen gemütlich über die Schneisen, nehmen noch mal eine Suhle mit, so daß man sie auch in ihren Einständen, wenn dort die Möglichkeit besteht, zu pürschen, treffen kann.

Nur die alten Einzelgänger, die man am liebsten schießt, haben meist frühzeitig den Drang nach Hause, und wenn sie einmal die Zeit verpaßt haben, merkt man es ihnen förmlich an, wie eilig sie es haben, in gesicherte Verhältnisse, d. h. ihre Tagesdickung, zu kommen.

Was das *Wetter* anbetrifft, so ist natürlich große Trockenheit für die Pürsch nicht günstig, da man nicht leise genug vorwärts kommt. Ist sie im Sommer mit Hitze verbunden, so kann es aussichtsreich sein, die bekannten Suhlen abzupürschen. Kalten, starken Wind lieben die Sauen so wenig wie jedes andere Wild. Sie ziehen später aus ihren Tagesständen und halten sich nicht lange auf dem Felde auf.

Regen macht ihnen dagegen nichts aus. Im Gegenteil, bei einem schönen Regen nach längerer Trockenheit sind sie schon sehr zeitig munter und unterwegs. Anscheinend macht ihnen dann das Brechen im Bestande besondere Freude. Außer dem Naßwerden hat der Regen für den Jäger noch den Nachteil, daß es im Holz sehr früh dunkel wird. Doch wird dies durch das frühzeitige Erscheinen der Sauen reichlich wieder ausgeglichen. Sonderbarerweise scheinen die Sauen bei Regen auch besonders gern zu suhlen. Jedenfalls habe ich schon mehrere bei strömendem Regen an der Suhle geschossen.

Wenn aber eine Regenperiode einsetzt, dann sind die Sauen genauso mißmutig wie der Jäger und das andere Wild. Bei Regenwetter soll man am besten nur schießen, wenn man seiner Sache ganz sicher ist, denn eine Nachsuche in quatschnassen Dickungen macht weder Hund noch Jäger Spaß und führt oft zu Mißerfolgen.

Nach der Hirschbrunft hört die beste Pürschzeit auf das Schwarzwild auf. Die Nächte werden schon zu lang, und die Sauen haben es nicht mehr nötig, sich dem Tageslicht unnötig auszusetzen. Zudem sind die Felder abgeerntet, und der Drang dorthin ist nicht mehr so stark.

Eine Zeit kommt dann noch, wo es sich vielleicht verlohnen könnte, die Pürsch auszuüben, nämlich die Rauschzeit von Ende November bis in den Januar hinein. Dann ziehen die Keiler oft am hellen Tage von einer zur anderen Dickung, wo sie auf rauschende Bachen zu treffen hoffen, kommen auch innerhalb der Dickungen über die Schneisen, und man kann dann öfter Gelegenheit haben, auf einen guten Keiler zu Schuß zu kommen. Doch erstens sind die Pürschverhältnisse um diese Zeit nicht sehr günstig, und dann ist gerade die Zeit, wo man die schönste Jagdart auf Sauen, die Treib- und Drückjagd, ausübt, wo man dem flüchtig vor Treiber und Hunden kommenden Keiler die Kugel auf den richtigen Fleck zu setzen sucht. Dieser Krone der Saujagd zuliebe wird man nicht gern in und an den Dickungen herumkriechen und das Wild vergrämen.

Bevor wir die Pürsch verlassen, muß noch des *Pürschenfahrens,* dieser leider fast ganz aussterbenden Jagdart, Erwähnung getan werden.

In größeren Revieren, wo Gelände und Wegenetz es zulassen, wird mit dem Auto gepürscht, wenn es auch erheblich unpoetischer ist als die Pürschfahrt mit Pferden. Aber das Wild hat sich im Laufe der Zeit so an das Geräusch und den Anblick von Motorfahrzeugen gewöhnt, daß es diese gut aushält.

Daher soll das Pürschenfahren der Vollständigkeit halber wenigstens gestreift werden, wenn es auch als eigentliche Jagdart auf Schwarzwild nicht in Frage kommt. Es ist in Ungarn, wohin viele deutsche Jäger zum Abschuß von Rehböcken bis zum Brunfthirsch jährlich fahren, noch allgemein üblich, und zwar hauptsächlich mit dem Pferdewagen.

Der Sinn des Pürschenfahrens beruht auf der Vertrautheit des Wildes vor dem Wagen. Da die Sauen aber im allgemeinen nicht zu den Zeiten rege sind, wenn Wagen im Walde fahren, so kann man auch nicht verlangen, daß sie ihn kennen und daher aushalten. Trotzdem kommt es natürlich öfter vor, daß man beim Fahren mit Sauen zusammentrifft. Im Gegensatz zu der sonstigen Praxis, wo es falsch ist, anzuhalten, weil man sonst dem Wild die Vertrautheit nimmt und man gerade den Wagen als harmloses Annäherungsmittel gebraucht, muß man hier sofort stillhalten. Das Klappern oder das Motorengeräusch täuscht nach Richtung und Entfernung, so daß die Sauen oft nicht wissen, woher die Störung kommt. Bei ihrem schlechten Gesicht haben sie meist den Wagen selbst noch nicht geäugt. Dann muß man vom Wagen runter und die Sauen anpürschen, was sie oft aushalten, wenn sie noch nicht zuviel Verdacht geschöpft haben. Auf diese Weise ist es mir gelegentlich gelungen, auch beim Pürschenfahren eine Sau zu schießen.

Eines Morgens fuhren wir nach Rehböcken, hatten schon eine große Wiese abgefahren und kamen nun durch ein Waldstück um die Ecke und an die Spitze einer Jungviehkoppel, die rings vom Walde umgeben war. Da wir nicht viel erlebt hatten, waren wir ziemlich müde und unlustig. Da wurden wir auf einmal wieder wach, denn auf der Koppel am Zaun war ein großer dunkler Klumpen, 200 Schritt vor uns, der sich bei näherer Betrachtung als eine Rotte von sieben Überläufern herausstellte. Der Zaun war angeblich sauensicher und war es auch zum Teil, denn wenn die Sauen auch – wie der Augenschein ja zeigte – irgendwo hereingekommen waren, so versuchten sie jetzt vergeblich, wieder herauszukommen und zogen grunzend und mißmutig quiekend am Zaun entlang. Man sah ihnen ordentlich an den Gesichtern an, wie unangenehm ihnen die Geschichte war, und daß sie sich schon zu drei Vierteln in ihr Schicksal ergeben hatten. Ich pürschte bis zum nächsten Pfosten vor, und als sich beim Näherkommen ein Stück etwas aus dem Knäuel abtat, setzte ich ihm die Kugel hin.

Wie wenn der Blitz eingeschlagen hätte, spritzte die Rotte auseinander, und nun machte ihnen der Zaun mit einem Male keine Schwierigkeiten mehr. Mit großem Geklirr fuhren sie nach allen Seiten durch die Drähte, nur der beschossene ging kurz davor über Kopf. „So müssen sie haben", hörte ich hinter mir voll Befriedigung den Kutscher sagen, der, wie alle Landleute, den Sauen nicht grün war.

Manchmal halten die Sauen den Wagen überraschend gut aus, wenn sie nämlich das Gefühl haben, in Deckung zu sein, z. B. im hohen Korn, in niedrigen Schonungen, engen Stangenhölzern oder Bruch- und Wacholderpartien. Hier bleiben sie im Gefühl ihrer Sicherheit stur stehen. Oft wird man ahnungslos vorbeifahren, und nur das Schnauben der Pferde, denen durchweg der Geruch der Sauen unangenehm ist, verrät dem Jäger ihre Nähe. So fuhr ich auf einem schmalen Weg zwischen Dickungen einmal an einem

Mordskeiler auf ganze fünf Schritt vorbei. Er blinzelte uns ganz vergnügt an und wußte genau, daß wir ihm nichts tun konnten. Ehe wir zur Besinnung gekommen waren, waren wir an der schmalen Luke vorbei, und wenn wir auch gehalten hätten, wäre er im selben Augenblick umgedreht. Ist es aber etwas weiter ab, und bekommt man sie dann zufällig frei, so kann ein Schuß vom schnell haltenden Wagen gelingen.

Ein anderes Mal wäre mir beinahe eine seltene Dublette auf Brunfthirsch und Keiler geglückt. Im engen Stangenholz fuhren wir das Brunftrudel an, das auf der Höhe stand. Ich stieg vom Wagen und ging in Deckung, während dieser an ein paar Masteichen vorbei, die zwischen hohen Wacholdern an einem Bruch standen, weiterfuhr, und 120 Schritt von mir hielt. Nach vielleicht fünf Minuten zog der Hirsch hinter dem Rudel über eine schmale Luke, und ich konnte eine Kugel anbringen. Das Rudel schlug um, kam auf derselben Luke zurück, dahinter der Hirsch mit schlenkerndem Vorderlauf. Ich hatte kaum ein paar Schritte auf den Wagen zu gemacht, um mir von den Insassen jemand zum Einwinken und Feststellen des Anschusses zu holen, da rief der Kutscher ganz aufgeregt, unter den Fichten stände ein Keiler. Ziemlich ungläubig machte ich noch ein paar Schritte, da trollte der Keiler, durch das Rufen losgemacht, auf mich zu und stellte sich auf 60 Schritte breit vor mich hin, völlig frei. In meiner begreiflichen Aufregung über den Hirsch wackelte ich ihn glatt vorbei. Doch der Hirsch lag wenigstens 100 Schritt vom Anschuß hinter dem nächsten Berg.

So kann man auch beim Pürschenfahren durch Zufall und unter besonderen Umständen mit mehr oder weniger Erfolg mit Sauen zusammenkommen. Als regelrechte Jagdart aber kann man es nicht bezeichnen.

Anstand

Wird die Pürsch auch seit alters her als die edelste Jagdart besungen, so hat sie doch entschieden auch ihre Schattenseiten. Das Verpürschen, das bei anderen Wildarten als größter Nachteil empfunden wird, kommt zwar beim Schwarzwild sicher auch vor,

Winterkeiler

Auf dem Wechsel

aber bei seinem schlechten Gesicht doch nicht so häufig. Aber eins läßt sich leider nicht verhindern, daß nämlich der pürschende Jäger zwangsläufig Spuren hinterläßt, und es steht fest, daß jedem Wild, besonders aber dem schlauen und vorsichtigen Schwarzwild, die menschliche Wittrung, da wo sie nicht hingehört, nämlich in und um die Tagesstände und in der Nähe der Äsungsplätze, höchst unsympathisch ist. Es zieht daraus haarscharf seine Schlüsse und vergilt solches mit Mißtrauen, abendlicher Verspätung und am Morgen mit frühzeitigem Einwechseln.

Alle diese Nachteile fallen beim Ansitz fort. Man kann bis in die Nähe des Ansitzplatzes fast immer begangene Wege benutzen, wo die menschliche Wittrung nicht stört, und muß nur darauf achten, daß man auf der letzten Strecke nach Möglichkeit nicht den voraussichtlichen Wechsel der Sauen kreuzt. Hierzu muß man unter Umständen Umwege mit in Kauf nehmen. Beim Abendansitz am Feld vermeide man möglichst, am Waldrand entlangzukommen, da die Sauen, wenn sie auf die frische Fährte stoßen, sofort umdrehen oder, wenn sie sie überfallen, nicht am Waldrand bleiben, sondern in *einer* Fahrt weit aufs Feld herausflüchten. Daher gehe man, wenn die Feldbestellung es gestattet, senkrecht auf den Waldrand zu. Ist dies nicht möglich, so komme man wenigstens von der Seite, von der man das Wild nicht erwartet.

Daß beim Ansitz der *Wind* von größter Bedeutung ist, ist eine allbekannte Tatsache. Bei schlechtem Wind anzusitzen, ist einfach zwecklos. Auch auf den meisten Kanzeln ist man nicht unabhängig vom Wind, wie man annehmen möchte. Auf einige Entfernung, je nach Boden- und Bestandsverhältnissen verschieden, drückt der Wind doch irgendwo zu Boden und verrät den Jäger. Diese Erfahrung habe ich auch auf 7–8 m hohen Kanzeln gemacht.

Der Ansitz am Felde an Hafer- und Kartoffelschlägen hat nur dann Aussicht auf Erfolg, wenn die Tagesstände der Sauen nicht zu entfernt liegen, da sie sonst, wie im Abschnitt über die Pürsch erwähnt, abends zu spät kommen und morgens schon wieder zu früh zu Holz ziehen. Liegen aber verlockende Schläge dicht an den Dickungen oder sind die Wildäcker gut bestellt, so kann man in solch ruhigen Ecken schon bei vollem Licht auf Sauen rechnen. Solch Sommerabend, in aller Ruhe auf dem Ansitz verbracht,

gehört mit zu den beruhigendsten und erholsamsten Dingen. Außer den erwarteten Sauen hat man meist immer etwas zu beobachten, so daß einem die Zeit nie lang wird, und man hat dabei womöglich die Aussicht, einen guten Feisthirsch auszumachen, einen langgesuchten Bock wiederzufinden oder andere Überraschungen zu erleben.

Aber von der ebenen Erde aus wird man bei gut bestandenen Hafer- und Gemengeschlägen nicht viel ausrichten können. Gerade hier hat man von einer *Kanzel* oder einem *Hochsitz* aus viel größere Aussicht auf Erfolg. Man sieht gewissermaßen von oben in den Schlag hinein und hat Einblick in Fehl- oder Lagerstellen, die man vom Boden aus nicht übersehen kann. Da an solch ruhigen Waldrändern gern auch alle anderen Wildarten auszutreten pflegen, so lohnt sich dort der Bau einer Kanzel meist. Man achte aber bei der Wahl ihres Standortes gleich darauf, daß sie bei der vorherrschenden Windrichtung unterhalb der Hauptwechsel zu stehen kommt. Kommt der Wind dann mal aus der ungewöhnlichen Richtung, so muß man an diesen Tagen unter Umständen auf ihre Benutzung verzichten.

Wenn man schon Hochsitze baut, dann gleich ordentliche. Sie sollen ja doch meistens mehrere Jahre vorhalten. Näher auf ihren Bau einzugehen, verbietet mir der Raum, doch möchte ich kurz einige Hauptpunkte erwähnen.

Ein Hochsitz soll so sicher stehen, daß er auch bei stärkerem Wind nicht wie ein Schiff hin- und herschwankt, so daß man seekrank wird und keinen sicheren Schuß abgeben kann. Deswegen empfiehlt es sich im allgemeinen nicht, als Stützen lebende Bäume auszunutzen. Ferner sollen sie eine gut gebaute, sichere Leiter haben, auf der man ohne Lebensgefahr herauf- und herunterkommen kann. Zweckmäßig wird die Leiter oben festgenagelt, damit nicht jeder dumme Junge die Leiter umkippen und verschleppen kann. Aus denselben Gründen muß die Sitzgelegenheit fest mit dem Hochsitz verbunden sein. Die Brüstung soll so dicht verblendet und verschalt sein, daß man sich zwanglos bewegen kann. Als Bodenbelag eignet sich am besten Sägemehl. Es ermöglicht geräuschloses Bewegen und verhindert, daß man auf den naß gewordenen Brettern zur Unzeit ausrutscht. Nur muß es nach der Jagdzeit entfernt werden, da sonst der Bretterbelag darunter frühzeitig verfault.

Ein guter Hochsitz soll für zwei Personen bequem Platz bieten, damit man auch mal jemand mitnehmen kann. Wenn man so seine Hochsitze baut, wird man auch seine Freude daran haben und nicht erst froh sein, wenn man wieder unten ist, wie es mir bei verschiedenen Ungetümen ergangen ist, denen ich mich gelegentlich anvertrauen mußte. Während ich aus meiner Heimat geschlossene Kanzeln eigentlich nur an schlechten Grenzen und auf reinen Nachtjagden kenne, scheinen sie hier im Westen auch in gepflegten und waidgerecht bejagten Revieren beliebt zu sein. Ich kann mich wenig mit ihnen befreunden, denn abgesehen davon, daß sie sehr teuer sind, wirken sie stets als Fremdkörper in der Landschaft. Außerdem ist man an der Sicht nach allen Seiten behindert, hört nicht genug vom Anwechseln des Wildes und kann infolge der Beengtheit schnelle Situationen nicht ausnutzen. Auch das leise Herauf- und Herunterkommen bei der meist knarrenden Tür ist immer eine mißliche Sache. Der Schutz vor Regen, Wind und Kälte, die ein ordentlicher Jäger einige Stunden getrost aushalten müßte, wiegt die geschilderten Nachteile längst nicht auf.

Es ist zweckmäßig, wenn man zu seinen Hochsitzen Pürschsteige führt, damit man leise dorthin kommen kann und auch nicht festgenagelt ist, wenn das Wild außer Schußweite kommt.

Doch nicht nur am Feldrand ist die Ansitzmöglichkeit gegeben. Auch an den Hauptwechseln zwischen Feld und Dickungen kann dem Jäger Erfolg winken. Zwar wird es im Bestand früher dunkel und später hell, dafür kommen die Sauen aber auch abends früher und morgens später. Bei einiger Revierkenntnis und Erfahrung wird man leicht Stellen finden, die sich zum Ansitz eignen. Die Hauptbedingungen sind guter Wind und Schußfeld. Um Deckung braucht man weniger besorgt zu sein, nur „plätze" man sich seinen Stand so rein von Laub und Moos, daß man sich bequem und lautlos rühren und auch umdrehen kann. Dasselbe gilt für den Ansitz bei Mastbäumen, wo die Sauen abends schon zeitig zu kommen pflegen.

Besondere Freude hat es mir aber stets bereitet, mich mitten zwischen den Einständen der Sauen anzusetzen. Nicht allein des Schießens wegen, sondern hauptsächlich, um das Leben und Treiben meiner Schützlinge zu beobachten. Doch auch, wenn ich bald und sicher ein Stück haben wollte, habe ich es dort meist ohne besondere Schwierigkeiten bekommen. Zugegeben, daß bei mir die Verhältnisse vielleicht besonders günstig lagen, da man auf einem Viehsteig, wo die eigne Fährte nicht stört, bis 100 Meter an eine Kanzel herankam, und diese selbst sechs gute Wechsel beherrschte. Denn sonst hat das Eindringen in die Lieblingsstände, und sei es nur auf Wegen und Schneisen, natürlich seine Haken. Da sind zunächst die berühmten Fährten, die man notgedrungen zieht, dann die Gefahr einer Nachsuche in den besten Tagesständen und schließlich die Schwierigkeit des Ansprechens bei engen Schneisen. Findet man aber eine geeignete Stelle, auf die man hinkommen kann, ohne die Wechsel zu kreuzen, so sollte man sich dort eine Kanzel leisten. Es lohnt sich wirklich, und man kann dort allerhand erleben, wenn man die Sache nicht zu sehr ausnutzt und zu oft schießt.

Einen solchen Abend auf meiner geliebten „hohen Kanzel" möchte ich beschreiben. Sie stand mitten zwischen den Saudickungen auf dem Scheitelpunkt zweier Schneisen, die drei Dickungsteile trennten. Nach rückwärts hatte man Einblick in einen Altholzwinkel, auf dem einige alte Eichen eingesprengt waren. Über die Dickungen hinweg hatte man weiten Blick in die wundervollen pommerschen Waldberge, so daß es auch landschaftlich nicht schöner sein konnte. Hier zog es uns am letzten Septembertag einmal wieder hin, und so setzte ich mich mit meiner Frau schon frühzeitig bei hellem Sonnenschein dort an. Meinen Brunfthirsch hatte ich schon, und zwar von eben dieser Kanzel, vor 14 Tagen geschossen, und so konnten wir uns in Ruhe mal den Sauen widmen, die die letzten vier Wochen ganz in Ruhe gelassen waren.

Schon um 16.30 Uhr meldeten sich die ersten Sauen im linken Teil. Man hörte Frischlinge husten und quietschen, und dann zog die Rotte auf uns zu, wie wir am Grunzen der Frischlinge, dem gelegentlichen Blasen der Bachen und schließlich an der Bewegung der Kiefern erkennen konnten. Dann traten sie hinter und zehn Schritte unter uns unter die kleine Eiche, deren Zweige bis an die Kanzel reichten, nahmen dort die heruntergefallenen Eicheln auf und machten im Laub einen beträchtlichen Krach. Da die Frischlinge aber noch ziemlich schwach waren, ließen wir sie ziehen. Kurz darauf bewegte es sich am Rande des hohen Holzes, und an der Spitze der Dickung kamen ein paar Frischlinge hervor. Entfernung achtzig Schritt. Die waren schon recht stark, und so hielt ich dem einen auf den Halsansatz. Im Feuer kippte er um. Da es erst 16.50 Uhr war, blieben wir ruhig sitzen. Ein einzelner Schuß, ohne daß ein Herumtrampeln usw. erfolgt, stört erfahrungsgemäß meist gar nicht. Kurz darauf zog dann auch ein ganz anständig aussehender Keiler über die rechte Schneise. Er war aber so schnell, daß ich nicht fertig wurde. Dann kam auf der linken Schneise über den zweiten Hügel eine Bache mit drei Frischlingen. Da war ja allerhand los! Inzwischen kam ein Tier mit Kalb über die Sandschale vor uns, und bald belehrte uns Knacken und leises Blasen, daß wieder von links etwas zu erwarten sei. Sicherheitshalber machte ich mich fertig. Da steckte auf 30 Schritt ein Überläufer den Kopf aus der Dickung und zog gemütlich brechend über die

Schneise. Ein paar weitere folgten, und das eine Stück, das ich sicher als Bache ansprechen konnte, schoß ich auf den Hals, damit es nicht noch in die Dickung gehen sollte. Es lag auch programmmäßig im Feuer. Kurz nach dem Schuß kam auf der rechten Schneise der Keiler zurück, doch wieder so eilig, daß ich nicht schießen konnte. – Es war immer noch gutes Büchsenlicht, als auf demselben Wechsel wieder zwei Überläufer, diesmal von der anderen Seite, kamen. Und ich hätte mir aus dem Überfluß wohl noch das dritte Stück geholt, wenn nicht die Sauen vor ihrem toten Kameraden auf der Schneise plötzlich flüchtig geworden wären.

Sehr reizvoll ist auch der Ansitz an der Suhle. Je näher die Suhle an dem Tagesstand der Sauen und je geschützter sie liegt, desto größer sind die Aussichten, an ihr zu Schuß zu kommen, da sie dann noch bei Büchsenlicht erscheinen. Vom Frühjahr ab bis in den Herbst suhlen sich die Sauen, besonders an heißen Tagen. Dann ist ihr erster Gang vom Lager oder Kessel direkt in die Suhle. Doch auch bei Regenwetter habe ich sie schon suhlen gesehen. Es ist meist nicht leicht, einen geeigneten Ansitz an einer Suhle zu finden. Der Wind küselt dort leicht und macht einem einen Strich durch die Rechnung. Man muß meist sehr nahe heran und hat wenig Sicht. Da die Suhlen fast immer weit abseits von Weg und Steg liegen, kommt man auch schlecht heran, und es empfiehlt sich daher, einen heimlichen kleinen Pürschsteig dorthin zu führen, der womöglich in einem gut ausgesuchten Schirm endet. Ich hatte mir an einer besonders günstigen Stelle sogar den Luxus einer in einer Eiche versteckten Kanzel geleistet und köstliche Stunden dort oben verbracht. Kommen die Sauen nicht, so kann es allerdings auch mal recht langweilig werden, aber der Badebetrieb der Kleinvogelwelt, und was es sonst immer für den Naturfreund zu sehen gibt, vertreibt einem auch so die Zeit. Wenn man aber von weitem die Sauen streiten hört, wenn Anstreichen an Zweige oder vorsichtiges Blasen die Annäherung einer einzelnen groben Sau verrät, oder gar ohne jede Ankündigung plötzlich der grobe Keiler wie hingezaubert auf 20 bis 30 Schritt vor der Fichtenwand steht, das sind Augenblicke, die zu den schönsten und aufregendsten des Jägerlebens gehören.

Meist verhoffen die Sauen am Rande der Suhle einen Augenblick, ehe sie in das Schlammbad steigen. Das Suhlen geht meist sehr schnell, ruck-zuck, einmal auf die rechte, dann auf die linke Seite, und raus sind sie wieder. Nur selten nehmen sie ein ausgiebiges Bad und lassen sich richtig Zeit.

Mit dem Schuß darf man nicht lange zögern, denn lebhaft wie immer, sind sie dauernd in Bewegung und ziehen oft aus der Suhle spitz von einem weg, um zu ihrem Malbaum zu kommen, der aber meist etwas abseits und womöglich schon in Deckung ist. So halte ich den Augenblick für den günstigsten, wenn sie vor dem Suhlen am Rande verhoffen, was fast regelmäßig der Fall ist.

Manchmal wird man allerdings vor Freude über das reizende Bild, das einem so selten geboten wird, und das einem so recht einen intimen Einblick in die Gewohnheiten unserer Lieblinge verschafft, gar nicht ans Schießen denken. Und das ist auch gut so, denn zu oft soll man an solchen Stellen die vertraute Ruhe des Wildes nicht stören.

Morgens werden die Suhlen weniger angenommen, auch nicht mit derselben Regelmäßigkeit, so daß dann der Ansitz nicht lohnt.

Wie wir gesehen haben, haben sowohl Pürsch wie Ansitz ihre Vor- und Nachteile, je nach Verhältnissen und Jahreszeit. Man wird sie auch in Verbindung mit der Jagd auf anderes Wild, besonders den Rehbock, sich gegenseitig ergänzen lassen und sich etwa in der Morgendämmerung am Feldrand an einen guten Wechsel ansetzen und, wenn es hell geworden und draußen nichts mehr zu erwarten ist, die Bestände auf die Standdickungen zu abpürschen. Ist dann die Sonne hochgekommen, so sieht man noch mal an den Wiesen und den Feldrändern nach den Böcken. Den Abend beginnt man vielleicht mit einer Pürschfahrt und setzt sich schließlich die letzte halbe Stunde auf Sauen an.

Bekanntlich trifft man in der Hirschbrunft am häufigsten mit Sauen zusammen. Sie sind um diese Zeit sowohl morgens wie abends noch bei gutem Licht rege, und man begegnet ihnen überall. Es ist, als ob sie wüßten, daß sie um diese Zeit ungern beschossen werden. Kein vernünftiger Jäger wird sich eines Überläufers wegen den Hirsch vergrämen wollen. Wenn diese Gefahr also im Bereich der Möglichkeit liegt, wird man die Sauen ziehen lassen. Manchmal kann man aber doch stark in Versuchung kommen, diesen

Grundsatz zu durchbrechen, wenn es sich um einen groben Keiler handelt. Es ist so gut wie totsicher, daß man ihn so günstig nie wieder vor die Büchse bekommen wird. Trotzdem hatte ich früher einen so gefestigten Charakter, daß ich in solchen Lagen nicht geschossen habe. Heute tut es mir leid, denn ich habe dadurch einige gute Gewehre weniger an der Wand. Ich kann daher jedem Waidgenossen nur raten, sich in solchen Fällen von den sonst durchaus berechtigten Hemmungen frei zu machen und den Keiler getrost mitzunehmen. Wir wissen ja doch, wie wenig sich in der Brunft meistens das Rotwild durch einen einzelnen Schuß stören läßt, daß gerade der Platzhirsch sich sogar aus Fehlschüssen oft nichts macht. Wenn das Wild also nicht in unmittelbarer Nähe steht, schadet der Schuß meist gar nicht. Allerdings soll man aber nur dann auf einen Keiler schießen, wenn er wirklich sehr stark ist und wenn ein ganz sicherer Schuß möglich ist, der das Schwein nach kurzer Flucht verenden läßt. Denn es wäre ungefähr das Schlimmste, was einem passieren könnte, wenn man durch eine notwendig werdende Nachsuche die Brunftdickung beunruhigen müßte. Dann bringt man sich in kleinen Revieren womöglich um die Aussichten der ganzen weiteren Brunft.

Mondscheinjagd

Während der Waldjäger und derjenige, dem Wald und Feld gemeinsam gehören, wie wir gesehen haben, die abwechslungsvollsten Möglichkeiten haben, auf Sauen zu jagen, ist der Waidmann schlecht daran, der nur eine Feldjagd hat, auf der die Sauen zu Schaden gehen. Den Wildschaden darf er bezahlen, hat aber keine Möglichkeit, waidgerecht die Sauen zu bejagen. Baut er sich in der Nähe der Waldgrenzen Kanzeln, um auf die abends austretenden Sauen zu Schuß zu kommen, so wird ihm das von den Waldnachbarn als Aasjägerei und Grenzschinderei ausgelegt.

Um gerecht zu sein, muß das einmal ausgesprochen werden. Was soll der arme Mann eigentlich machen? In vielen Fällen wird der Nachbar durch Vorziehen von Fährten und Abpassen der Sauen im Holz dafür Sorge tragen, daß diese nicht mehr bei

Büchsenlicht aufs Feld treten. Was bleibt dem Feldjäger dann übrig, als sich nachts auf Sauen anzusetzen. Es besteht kein Zweifel, daß sich auch diese Jagdart, bei hellem Mondlicht mit genügend starkem Zielfernrohr, waidgerecht ausüben läßt. Im weißschimmernden Hafer, auf wie Schnee glänzender mondbeschienener Serradella läßt sich ein abgezirkelter Schuß anbringen, weit sicherer als in der sinkenden Dämmerung.

Andererseits steht fest, daß nirgends soviel gesündigt wird wie bei der Nachtjagd, daß hier die meisten Bachen von den Frischlingen fortgeschossen, hier die meisten Stücke zu Holze geschossen werden.

Daher vermag ich diese Jagdart auch nur als ein in manchen Fällen vielleicht notwendiges Übel zu betrachten, das nur von der Hand ganz gewissenhafter Jäger waidgerecht ausgeübt werden kann. Die Anzeigepflicht des Überwechselns krank geschossenen Schalenwildes gibt aber die Möglichkeit, gegen einen leichtsinnigen Mißbrauch des Nachtabschusses einzuschreiten.

Haftet also der Nachtjagd auf Sauen im Sommer und Herbst mit Recht ein gewisses Odium des Unwaidmännischen an, dem sich der Jäger, der es nicht nötig hat, nicht gerne aussetzt, so wird die Sache ganz anders, wenn Feld und Wald von einer weißen

Schneedecke überzogen sind und der Mond dazu vom Himmel strahlt, so daß es hell wie am Tage ist. Jetzt muß man den Schuß beim Mondschein unbedingt als waidgerecht gelten lassen. Die Schußverhältnisse sind die besten, und es ist fast undenkbar, daß angeschweißte Stücke nicht als solche angesprochen werden und daher unnachgesucht verludern, was man der sonstigen Nachtschießerei als Hauptnachteil vorwirft. Anschuß und Schußzeichen werden mit Sicherheit gefunden, und die Voraussetzungen für die Nachsuche sind so günstig wie nur möglich. Der Waidmann, dem es Freude macht, eine herrliche Winternacht draußen zu genießen, kann also getrost seine Kanzel in der Nähe gut angenommener Feldstücke beziehen, vorsorglich dick angezogen mit einem Häckselsack für die Füße und einer „Wärmflasche" für den inneren Menschen. Er wird auch außer den erwarteten Sauen allerlei sehen und beobachten können und bei einiger Geduld sicher früher oder später zu dem gewünschten Erfolg kommen. Es gehört aber eine gewisse Ausdauer dazu, bei Kälte 5–6 Stunden auf einem Fleck zu sitzen, und die ist nicht jedem gegeben.

Mir auch nicht, und so ziehe ich als noch weit reizvoller vor, in solch verlockenden Nächten zu pürschen. Dieses bietet gegenüber dem Ansitz erheblich mehr Schwierigkeiten – mit Ausnahme der Ausdauer – und macht die Sache spannender und interessanter. Allerdings ist nicht jede Schneenacht, die sich für den Ansitz eignet, für die Pürsch günstig. Sie verlangt vor allem einen Schnee, auf dem sich einigermaßen leise gehen läßt. Dies ist in erster Linie eine frische pulvrige Neue, die jeden Laut verschluckt. Aber auch etwas zusammengesackter Tauschnee kann ganz günstig sein. Das Singen des Schnees unter den Füßen bei großer Kälte ist nicht weit zu hören. Hat er dagegen eine Kruste, durch die man bei jedem Schritt krachend tritt, so kann man gleich zu Hause bleiben. Nicht zu starker Wind, der aber schon in den Baumkronen rauscht, macht zwar das Pürschen an sich nicht angenehmer, hat aber den Vorteil, daß er das Geräusch der Tritte verdeckt.

Zur Schneepürsch gehört, wie auch bei Tage, das *weiße Zeug*. Es besteht aus einer weißen Kopfbedeckung und dem Schneehemd oder -mantel. Beide müssen so lang sein, daß sie bis auf die Knöchel reichen, damit das dunkle Beinwerk verdeckt wird. Das Hemd –

meist wohl ein altes Nachthemd – hat den Nachteil, daß es im Wind leicht flattert. Auch kann man in ihm nicht die Hände in die Taschen stecken und kommt schlecht an Taschentuch, Zigarren, Streichhölzer und Patronen. Wenn man daher öfter in die Lage kommt, das weiße Zeug zu brauchen, so läßt man sich zweckmäßig aus einfachem Baumwollzeug einen Schneemantel machen, im Schnitt der erprobten ländlichen Fahrmäntel mit schräggeschnittenen Mufftaschen. Da er keine besonderen Anforderungen an Sitz, Schick und Mode stellt, kann er überall im Hause zurechtgezimmert werden und man braucht keinen teuren Maßschneider zu bemühen. Dieser Mantel hat außer den Taschen und der größeren Wärme den Vorzug, daß man das Glas unterknöpfen kann, das man sonst weiß vertarnen muß. Doch schließlich kann man auch im Hemd seine Sauen schießen. Wenn man sich einen weißbezogenen Muff umbindet, so weht das Hemd nicht so sehr, man behält warme Finger und kann doch die allernötigsten Dinge verstauen.

Die Handschuhe sollen weiß sein, weil man mit ihnen die meisten Bewegungen macht. Den Büchsenriemen weiß zu beziehen, halte ich nicht für nötig, da er nur wenig auffällt. Wenn wir nun noch bei großer Kälte das Gesicht leicht einfetten, sind wir zum Abmarsch gerüstet. Halt, unser sonst unzertrennlicher Begleiter, der Hund, klopft mit der Rute auf die Dielen und sieht uns fragend an. Sollen wir ihn mitnehmen?

Da wir ja nicht stundenlang ansitzen wollen, wobei er sich erkälten könnte, so steht dem nichts im Wege. Er wird uns sicher nicht stören, denn auf weite Entfernung nimmt das Wild erfahrungsgemäß keinen Anstoß an ihm, hält ihn wohl für ein Reh, und wenn wir Wild anpürschen, so lassen wir ihn *hinter* uns gehen, so daß ihn der lange Mantel verdeckt. In vielen Fällen wird der Hund uns aber von Nutzen sein. Im Holz und unübersichtlichem Gelände bemerkt oder wittert er das Wild eher als wir und macht uns darauf aufmerksam. Und wenn wir auch nach dem Schuß in der Nacht keine große Nachsuche machen können, so freut er sich doch, wenn er überhaupt mitgenommen wird und besonders, wenn er mit uns zum glücklich erlegten Stück treten kann. „Also, Du darfst mit, lieber Harro oder Hirschmann, ja der schöne Hund darf mit!"

So, nun noch eine Zigarre ins Gesicht, und dann treten wir hinaus in die mondglänzende Winternacht. Auf der Dorfstraße treffen wir den Nachtwächter, der, erst durch den Hund aufmerksam gemacht, uns plötzlich in unserer weißen Verkleidung erblickt und einen Schreck bekommt. Das paßt sehr gut. Morgen erzählt er es sicher weiter, und es hat viel für sich, wenn die Gegend weiß, daß der Jäger in solchen verlockenden Nächten nicht im Bett liegt.

Wir haben uns unseren Plan so gemacht, daß wir im großen Bogen ausholen, um gegen den Wind und mit gutem halben Wind die Waldränder abzupürschen. Denn guter Wind ist alles. – Auf dem großen Roggenschlag sind mehrere dunkle Punkte, Hasen, die von der üppig stehenden Saat äsen, die sie sich frei gekratzt haben. Einige, denen wir zu nahe kommen, rücken 100 Schritt weiter und machen einen Kegel. Ein Sprung Rehe zieht weiter ab über die Höhe, und als wir näher an den Wald kommen, lösen sich einzelne Gestalten aus dem Schatten – Rotwild. Da wir auf dem begangenen Weg gerade darauf zugehen können, guten Hintergrund haben, auch jedesmal, wenn ein Stück den Kopf hebt, stehen bleiben, so gelingt es uns, bis auf 50 Schritt heranzukommen. Wir können die Stücke genau ansprechen. Das da rechts ist ein schwaches Kalb, das fehlt uns gerade noch zur Erfüllung des Abschusses. Aber nein, auf Rotwild in der Nacht schießt kein anständiger Jäger. Da kommt dem Leittier die Sache verdächtig vor, es hebt und senkt den Kopf, trollt beiseite, das Rudel ihm nach, und marschiert auf 150 Schritt auf. Das Leittier schreckt unwillig und führt das Rudel über die Höhe.

Meistens gelingt es nicht, so nahe an Rotwild oder auch Rehe heranzukommen. Auch im Schneehemd ist man nicht unsichtbar, besonders in der Bewegung. Daher eilen wir jetzt, in den Wald zu kommen, vor allem erst einmal in den Mondschatten. Hier brauchen wir nicht mehr zu befürchten, daß sich das Mondlicht in den Gläsern des Fernrohres bricht und uns durch sein Blitzen zum Verräter wird. Wir gehen auch sicherheitshalber im Bestand hinter den ersten Stämmen weiter und bleiben nicht am Rande, damit wir gegen den dunklen Hintergrund nicht wie ein weißes Gespenst wirken. Die Sauen würden uns wohl nicht äugen, wenn es nicht sehr nahe ist, aber die Rehe könnten sie mit ihrem

Schrecken und Abspringen verstören. So pürschen wir weiter, nach Möglichkeit im Schatten, Wege und Pürschsteige benutzend, bleiben hier mal eine Viertelstunde stehen, klettern für kurze Zeit auch mal auf eine Kanzel, bis wir endlich die Rotte zu Gesicht bekommen, die nach liegengebliebenen Kartoffeln bricht. Vom Waldrand aus ist es zu weit. So legen wir den Hund ab, holen in einer Senke mit gutem Wind aus und schieben uns vorsichtig über den Berg. Doch die Rotte ist inzwischen weitergezogen, wir sehen sie als dunkle Punkte auf die Mieten zuziehen. Da taucht links in der Senke ein einzelnes Schwein auf, bricht im Schnee. Wir liegen schon längst mit der Büchse am Kopf und merken kaum, daß uns der Bauch kalt wird. Nun dreht sich das Stück beim Brechen breit, deutlich können wir es als Keiler ansprechen. Jede Borste sehen wir durchs Fernrohr, der Stachel steht ruhig hinter dem Blatt, sonderbar leise knallt der Schuß, aber deutlich kommt der Kugelschlag zurück. Ohne zu zeichnen wird der Basse flüchtig, aber merkwürdig krampfig werden seine Fluchten, als er über die Höhe verschwindet. Mit noch vor Aufregung zitternden Händen wird eine Zigarette angezündet und dann der Hund geholt. Vorsichtig gehen wir zum Anschuß, treten aber nicht darauf herum, sondern bleiben einige Schritte ab. Hier hat er gebrochen, hier fängt die Fluchtfährte an, – der Hund winselt vor Aufregung – nun folgen wir neben ihr. Was ist denn das für ein schwarzer Spritzer? Wir nehmen ihn in die Hand und zerreiben ihn am Schneehemd, aha, es gibt einen dunklen Fleck. Wahrscheinlich Schweiß. Bis über die Höhe wollen wir noch folgen. Als wir hinübersehen können, gibt es uns einen Ruck. Da liegt er ja! Und als wir nun herantreten an den wehrhaften Recken in seinem zottigen Pelz, da freut es uns doch mehr, als wenn wir ihn von der Kanzel mit Fußsack und Kognakflasche totgeschossen hätten.

Doch nicht nur am Felde kann man pürschen, auch im Walde bieten sich Gelegenheiten. Zwar läßt der normal bestandene Kiefernwald meist nicht genügend Licht für den sicheren Schuß durch, auch sind der Möglichkeiten zu viele, wo man die Sauen suchen soll, die doch mit großer Sicherheit bei den Kartoffelschlägen zu finden sind. Anders ist es, wenn man masttragende Laubholzbestände hat. Hier ziehen sich die Sauen mit Vorliebe hin, hier lassen die entlaubten Kronen genügend Licht zum Schuß durch. Durch das Geräusch, das die Sauen in dem auch unter dem Schnee raschelnden Laub machen, kommt man leicht heran und hört sie meist schon von weitem, da sie im Bestand noch vertrauter und daher oft ganz ungeniert laut sind, besonders zur Rauschzeit.

Wenn auch die Schneepürsch bei Mondschein entschieden spannender ist und mehr Anforderungen an den Jäger stellt, so muß man sich doch andererseits darüber klar sein, daß sie auch erhebliche Nachteile hat. Gerade bei Nacht nimmt das Wild frische menschliche Fährten besonders übel und ebenso die Störungen, die sich beim Pürschen nun einmal nicht vermeiden lassen. In Gegenden, wo nachts viel gepürscht wird, tritt daher sowohl Rotwild wie Schwarzwild bei hellem Mond sehr ungern ins Freie und hält sich an den Waldrändern im Schatten. Hierauf machte mich einmal ein alter erfahrener Jäger aufmerksam, der, frisch in die Gegend gekommen, eine Nachbarfeldjagd gepachtet hatte, wo man die Sauen aber nur nachts bei Mondschein bekommen konnte. Als wir uns das erstemal „berochen", sagte er: „Hier in der Gegend muß viel nachts gepürscht werden, bei Vollmond kommt kein Stück ins Freie." Er hatte vollkommen recht mit seiner Vermutung, denn in der weiteren Umgebung wurde tatsächlich auch ohne Schnee von der Brunft ab bei Mondschein gepürscht. Einzelne Schüsse in der Nacht dagegen nimmt das Wild gar nicht übel, wenn sich nicht damit eine andere Beunruhigung verbindet. Dies hat mir z. B. auch der bekannte, längst verstorbene Dr. Quittenbaum bestätigt, dessen besondere Vorliebe der Mondscheinansitz auf den Fuchs war, der dabei aber auch viele Sauen geschossen hat und das Verhalten jeglichen Wildes, auch des Rotwildes, zu dem Schuß in der Nacht zu beobachten Gelegenheit hatte.

Daher ist doch vielleicht vom Standpunkt der geringeren Beunruhigung der Ansitz mit Fußsack und Schnapsflasche vorzuziehen, jedenfalls für den, der ein kleines Revier und das Temperament dazu hat, und man soll die Pürsch bei Mondschein und Schnee nur mit Maßen und als köstliche Seltenheit genießen.

Treibjagd

Ohne Zweifel bieten Sommer und Herbst dem eifrigen Waidmann eine Fülle von jagdlichen Freuden bei der Bejagung des Schwarzwildes auf Pürsch und Anstand.

Aber die wahre Jägerlust fängt doch erst an, wenn im Spätherbst das Laub von den Bäumen geweht ist, und besonders, wenn der weiße Leithund Feld und Flur mit seinem Mantel zugedeckt hat. Dann beginnt die Zeit der Treibjagden, die das Herz des Jägers höher schlagen läßt, denn sie ist zweifellos die schönste und aufregendste Art, auf unsere Sauen zu jagen.

Jetzt, weiß von der Mast in Feld und Wald und in ihrem zottigen dunklen Winterborstenkleid, bieten sie erst den urigen wilden Anblick, der dem Jäger das Herz bis in den Büchsenlauf schlagen läßt und der die Beute viel stattlicher und begehrenswerter macht, als die nackte langköpfige Sommersau.

Wenn Büchsenknall und Hundelaut sich mit dem Ruf der Treiber und Hornsignalen mischen, dann ist es eine Lust, Jäger zu sein.

Es ist wohl ein Erbe der Ahnen, daß wir gerade diese Jagdart so sehr lieben, während wir doch sonst das Treiben auf anderes Hochwild größtenteils ablehnen oder nur als notwendiges Übel betrachten. Denn schon unsere Vorfahren schätzten die Saujagd im Winterwald als ganz besonderen Genuß, wenn auch ihre Art zu jagen urwüchsiger und gefährlicher war. Die Hunde, eingeteilt in Finder und Packer, mußten die Sauen aufsuchen, sprengen, fangen und decken, worauf der Jäger mit der Saufeder herantrat und dem von den Hunden gedeckten Stück den Fang gab. Eine Jagdart, die Anforderungen an Herz und Lunge stellte und bei starken Schweinen einen ganzen Mann verlangte.

Mit der Verringerung der Schwarzwildbestände, der Verkleinerung der Jagdbezirke, der Schwierigkeit, teure Meuten zu halten, vor allem aber durch die Vervollkommnung der Büchsen und der stetig wachsenden Freude am flüchtigen Kugelschuß änderte sich die Jagdart. Die Hunde traten mehr in den Hintergrund, die alten Packer starben aus, und der Schütze mit dem 11-mm-Bleigeschoß, später dem 9,3-Stahlmantel trat an ihre Stelle. Die alte Form, in

Sauparks noch stellenweise eine Zeitlang erhalten, fiel, die Lust am Jagen blieb.

Das Treiben auf Sauen beruht, wie jede andere Treibjagd überhaupt, auf dem Prinzip, das Wild in seinem Einstand rege zu machen und vor die außen angestellten Schützen zu bringen. Das hört sich wunderbar einfach an, ist aber, wie wir bald sehen werden, eine Kunst, zu der doch allerlei gehört, was gewußt, bedacht und durch Erfahrung gelernt sein muß.

Die Voraussetzung für einen Erfolg ist, daß überhaupt Sauen da sind. Sonst kommt es, wie man es gelegentlich hören kann, zu der ironischen Preisfrage: Was ist langweiliger als eine Saujagd? Worauf die Auflösung lautet: Zwei Saujagden. Wenn also nicht ganz sichere Verhältnisse vorliegen, wo man genau weiß, daß die Sauen zu Hause sind, wird man zunächst eine *Neue* abwarten müssen. Dann wird abgespürt, *gekreist*, wo Sauen stecken können. Da man aus Erfahrung die Lieblingsstände kennt, so wird man sich diesen zuerst zuwenden. Dies Kreisen ist eine schöne, wenn auch in unebenem Gelände oft sehr anstrengende Waidmannsarbeit. Meist wird einer allein es nicht schaffen, man teilt sie sich zu mehreren ein und kann fährtenkundige Waldarbeiter und Kutscher dazu heranziehen. Auch kann man, wenn das Gelände es erlaubt, zweckmäßig Wagen oder Schlitten beim Kreisen zu Hilfe nehmen, denn es kommt darauf an, daß man frühzeitig fertig wird, weil man ja noch jagen will und womöglich noch Schützen herbeirufen muß. Das Kreisen ist keineswegs so einfach, wie man im ersten Augenblick denken sollte. Bei Pulverschnee, der in die Fährte nachrutscht, sind Rotwild und Sauen schwer zu unterscheiden, und oft gibt nur die Schrittlänge Aufschluß, um welche Wildart es sich handelt. Schwierig ist auch das Ansprechen der Stärke einer Rotte, weil sie über die Wege und Gestelle meist einer hinter dem anderen ziehen und womöglich in denselben Fährtenabdruck treten. Dann findet man etwas oberhalb im Bestand Aufschluß, wo die Rotte sich auseinandergezogen hat.

Oft spürt sich eine Rotte oder ein einzelnes Stück aus einer Dickung heraus und wieder hinein. Zweifellos, es steckt! Der Trieb wird genommen – nichts ist drin. Die Rotte war eben *erst* hinein und *dann* heraus. Erst weiters Umschlagen, wenn nicht die Grenze es verhindert, wird da das richtige zeigen. Sehr günstig ist es daher, wenn es über Nacht geschneit und erst aufgehört hat, kurz bevor die Sauen sich gesteckt haben. Dann kann kaum ein Irrtum vorkommen.

Beim ersten Schnee des Jahres erlebt man meist eine Überraschung. Wenn vorher auch noch soviel im Revier los war, so spürt man meistens kaum ein Stück. Woher kommt das? Der Schnee ist den Sauen dann noch etwas ganz Neues, und sie trauen sich augenscheinlich nicht aus den dunklen Dickungen in das ungewohnte Helle hinaus. Am nächsten Tage sieht das Bild dann schon ganz anders aus.

Einzeljagd

Hat man nun irgendwo Sauen fest, so kann das Jagen beginnen. Es genügt dazu unter Umständen schon ein einzelner Schütze. Diese Jagdart hat sogar ihren besonderen Reiz. Hat man in einer kleineren Dickung eine Rotte oder noch lieber einen einzelnen Keiler eingespürt, so stellt sich der Schütze auf den Hauptwechsel vor und ein Gehilfe geht die Fährte aus. Da der Keiler – nehmen wir an, es wäre ein solcher –, bevor er sich eingeschoben hat, sicher einige Widergänge gemacht hat, wird der nachgehende Mann wahrscheinlich erst ein paarmal auf seine eigene Spur zurückkommen, sich aber durch Bogenschlagen zurechtfinden und an das Lager des Keilers kommen oder ihn früher oder später durch sein Herumkriechen rege machen. Meistens kommt er aber ziemlich schnell, und zwar auf einem Hauptwechsel und bei einiger Revierkenntnis in 70 % der Fälle da, wo der Schütze steht. Im allgemeinen kommt er nicht einmal sehr flüchtig, höchstens im Troll, manchmal auch verhoffend, so daß der Schuß nicht schwer ist. Das hat seinen Grund darin, daß der Keiler nichts vom Anstellen gemerkt hat, nicht weiß, daß er getrieben wird und nur an eine zufällige Störung glaubt, die er nicht besonders übelnimmt.

Die Hauptsache ist die richtige Auswahl des Wechsels, an den sich der Schütze 30–40 Schritt abseits so stellt, daß der Wind keinesfalls darauf steht. Wo diese Hauptwechsel liegen, soll im übrigen an einer anderen Stelle in Verbindung mit der Auswahl der

Stände besprochen werden, wenn von größeren Jagden die Rede ist. Hier nur ein Wort über *Einwechsel* und *Rückwechsel*, die als besonders günstig gelten.

Da die Sauen im vertrauten Ziehen gewöhnlich an bestimmten und immer den gleichen Stellen eine Dickung annehmen, so ist dieser *Einwechsel* meistens auch einer der Hauptwechsel. Stellt sich der Schütze nun an diesen und geht der Treiber wie in unserem Falle von hier aus die Fährte aus, so steht er zugleich auf dem Rückwechsel. Ginge der Treiber von der entgegengesetzten Seite des Treibens an, so stände der Schütze in der Front. Kommt ihm jetzt der Keiler, so kommt er zwar auf dem *Einwechsel* aber nicht auf dem Rückwechsel. Ein- und Rückwechsel sind also nicht immer dasselbe. Der Rückwechsel hat seinen guten Ruf daher, weil die Sauen besonders bei größeren und lauten Treiben mit Vorliebe durch die Treiber zurückwechseln – daher der Name – während der Einwechsel nur als einer der Hauptwechsel gut ist.

Um ein Beispiel zu nehmen, wollen wir annehmen, daß ein Keiler, wie in Skizze 1 vom Felde kommend, in einem 2 Morgen großen Fichtenhorst eingespürt ist, der einer großen Dickung vorgelagert ist. Wenn hier der Schütze, weil er mal etwas von den Vorzügen des Rückwechsels gehört hat, sich an den Einwechsel stellt, so wette ich meine gute Doppelbüchse gegen eine Zigarre, daß ihm der Keiler nie kommen wird. Nur wenn die Dickung von 10 Schützen umstellt wird, von denen die beiden an der Nordspitze sich noch schnell die neuesten Witze erzählen und 10 brüllende Treiber vom Einwechsel aus angehen, hat er mit einiger Wahrscheinlichkeit Aussicht auf Erfolg.

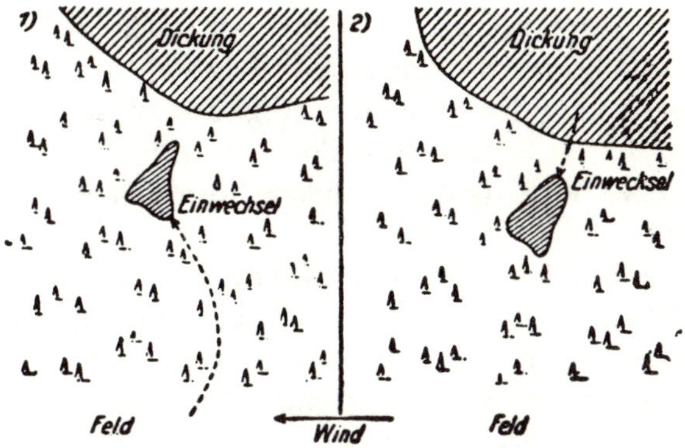

Im Fall 2 dagegen hat er mit 90 Prozent Aussicht, zu Schuß zu kommen, wenn er sich auf den Einwechsel stellt, ja ich würde sogar die Treiber von der Feldseite aus angehen lassen, um den Keiler um so sicherer auf den Hauptwechsel, der die beiden Dickungen verbindet, zu drücken. Dann wird es sogar eine todsichere Sache.

Solche kleinen Drücken von einem Schützen und einem Treiber sind nicht nur sehr reizvoll, sie können bei geeigneten Revierverhältnissen – kleinere Dickungen sind Voraussetzungen – und guter Wechselkenntnis, vollkommen genügen, um einen mäßigen Abschuß durchzuführen. Man kann jedenfalls öfter und den ganzen Winter über sich seine Waidmannsfreude verschaffen.

Solchen kleinen Einzeljagden verdanke ich eine Menge schöner Erinnerungen und einige gute Keilergewehre.

Eines schönen Wintertages bekam ich einen neuen Doppelbüchsdrilling zugeschickt. Auf das Gerücht hin kam sogleich der gute Förster N., um die neue Waffe zu begutachten. Sie gefiel uns beiden ausnehmend gut, und wir beschlossen, in den nahen Wald zu ziehen, um sie einzuschießen. Schnell wurden ein paar Patronen eingesteckt, und wir zogen los. Als wir erst im Walde waren, schlug N. vor: „Was wollen wir uns erst mit dem Einschießen aufhalten, er wird schon schießen, ich werde Ihnen die ‚alte Schneidkuhle' durchdrücken, vielleicht stecken Sauen darin." Schön, aber wo soll ich hin? „Wenn sie drin sind, so kommen sie sicher auf dem engen Querweg, da stellen Sie sich man auf!" Es war tatsächlich sehr eng, gerade ein Wagen konnte durchfahren, aber die Sauen mußten dafür auch nahe kommen. – Ich hatte noch gar nicht lange gestanden, da hörte ich es vor mir rumpeln und auf ganze 13 Schritt fiel die Rotte über den Weg. Sehr eilig, wie mit der Flinte wurde ich meine beiden Schüsse los, doch die eine Sau ging auf der Schneise über Kopf und die andere hörte ich in der Dickung schlegeln.

„Das war wohl nichts?" kam der Förster einige Zeit darauf aus dem Treiben, „das ging ja mächtig schnell." Na, ich war sehr stolz, daß ich mit der neuen Waffe gleich meine erste Dublette geschossen hatte, meine erste auf Sauen überhaupt. Das zweite Stück versuchte mit beiden hochdurchschossenen Vorderläufen noch weiter zu kröpeln und bekam den Fangschuß.

Da ich damals noch wenige Jagdfreunde hatte, so machte ich mit dem Förster öfter solche kleinen Unternehmungen. So kam ich einmal nach solch kleinem Nachmittagsdrücken mit einem Schmaltier und zwei Überläufern nach Hause. Er kannte eben vorzüglich die Gewohnheiten der Sauen, ihre Wechsel und ihre Kessel bzw. ihre Lager. So lag das Hauptverdienst und die größere Waidmannsarbeit auch bei ihm, denn der Schuß war in den meisten Fällen gar nicht einmal besonders schwierig, und es war rührend zu sehen, daß seine Freude über einen Erfolg fast noch größer war als meine eigene. Am stolzesten waren wir beide aber, als wir einen Keiler von 250 Pfund auf diese Weise zur Strecke brachten.

Später wurde der Abschuß mehr mit meinen Freunden zusammen auf kleineren und größeren Jagden erledigt, und ich kam nur noch selten zu dieser anregenden und einbringlichen Jagdart. Nur, wenn nach den Jagden im Januar oder Februar mal eine verlockende Neue fiel, versuchten wir noch gelegentlich auf diese Weise unser Glück.

Da hatten wir in einem Stangenholz an einem Hange einen

Fichtenhorst, der vielleicht 40 Schritt lang und 20 Schritt breit war. Beim Pürschen in der Brunftzeit hatte ich zufällig herausbekommen, daß dort hin und wieder gern ein Keiler steckte. Der Witz war, daß man auf einem Holzabfuhrwege unbemerkt leise an den Wechsel herankommen konnte, den der Keiler mit Sicherheit annahm. Stand man am Wechsel, so ging der Treiber, einmal war es meine Frau, das andere Mal meine Kinder, von unten an und machten den Keiler los. So schoß ich das eine Mal einen guten 5jährigen, ein anderes Mal einen abgekommenen 3jährigen, ein drittes Mal mußte ich mich mit einem Fuchs begnügen.

Aber nicht immer werden die Verhältnisse so günstig liegen, daß die Sauen in so kleinen Dickungen stecken, wo man mit einem Schützen auskommen kann. Auch hat man meistens Freunde und Bekannte, denen man gerne die Freude einer Saujagd verschaffen möchte. Und schließlich will man selbst auch gern in anderen Revieren auf Sauen jagen. Man wird aber bekanntlich nur von anderen Leuten eingeladen, wenn man ihnen zeigt, daß man seine eigenen Sauen nicht alle allein schießen will.

Kleinere Drückjagden

So wird man meist nach erfolgreichem Kreisen oder wenn sonst der Bestand an Sauen ein erfolgreiches Jagen in Aussicht stellt, versuchen, ein paar Schützen zusammen zu bekommen. Solche gemütlichen Jagden mit 3 bis 6 Schützen, die ohne große Vorbereitungen, nur auf Grund des Spürergebnisses, einen kurzen halben Wintertag lang gewissermaßen aus dem Ärmel geschüttelt werden, sind meistens gerade die interessantesten und schönsten.

Meist wird mit nur wenigen verständigen Treibern und vielleicht ein oder zwei Hunden getrieben. Es ist fast dasselbe, wie die vorhin beschriebene Art mit einem Schützen, nur daß mehrere Wechsel besetzt werden. Der Schnee erleichtert das Feststellen der Anschüsse, die Jagd kann jederzeit abgebrochen werden, um eine Nachsuche vorwegzunehmen, und so ist solche Jagd meist eine Quelle der reinen Freude nicht nur für die Gäste, sondern auch für den Jagdleiter.

Auch solche Jagden habe ich häufig mitgemacht. So entsinne ich mich mit besonderem Vergnügen einer kleinen Jagd, wo wir zu 4 bis 5 Schützen 4 grobe Sauen schossen, darunter ein Hauptschwein und eine alte Geltbache. Auf Grund meiner Revierkenntnisse hatte ich mich im letzten Treiben, obgleich wir sowieso nicht „zusammenreichten“, ein paar hundert Meter ab vom Treiben in eine tiefe Schlucht gestellt, die ziemlich dicht mit alten, hohen Wacholdern bestanden war. Da kam eine ganz grobe Sau in höchster Fahrt den Hang herunter genau auf mich zu, daß der Schnee nur so von den Wacholdern staubte. Als sie 10 Schritt über mir war, setzte ich ihr die Kugel spitz von vorn zwischen Kopf und Blatt. Der nächste Schuß auf 5 Schritt hoch aufs Blatt ließ sie im Feuer dreimal über Kopf gehen. Ein fabelhafter Anblick auf diese nahe Entfernung.

Doch wenn man dies lustige Jagen in einem nicht zu großen Revier den ganzen Winter über betreiben will, so wird man bald merken, daß die Sauen dies nicht so lustig finden und die Spürergebnisse von Mal zu Mal schlechter werden. Wenn die Sauen es nicht vorziehen, überhaupt in ruhigere Reviere auszuwechseln, so werden sie doch nervös, verdrücken sich schon aus den Nachbartreiben, wenn sie Hornsignal oder Büchsenknall hören, oder wollen die getriebene Dickung mit Gewalt nicht verlassen, so daß die Ergebnisse merklich nachlassen.

So ist auch hier Maßhalten geboten, damit diese an sich schönste und zwangloseste Jagdart nicht zu einer zu großen Beunruhigung und zu starkem Abschuß führt.

Hierzu kommt noch ein weiterer Gesichtspunkt. Fast in allen Revieren, die Sauen bergen, kommt auch das Rotwild vor, ja in sehr vielen Fällen ist der Rotwildstand stärker als der Bestand an Schwarzwild. Da nun das Rotwild zum großen Teil in denselben Tagesständen steht, in denen auch das Schwarzwild steckt, so wird es durch öfteres Treiben stark beunruhigt, auch wenn es selbst nicht beschossen wird. Noch früher als die Sauen meidet es die unruhige Gegend, und man ist nicht sicher, ob es – besonders die besseren Hirsche – vollzählig wiederkommt. Vielleicht gefallen ihm die neuen Einstände ein paar Kilometer weiter besser, oder es wird gar in der weiteren Umgebung abgeschossen.

Aus diesen Gründen werden vielerorts eine oder höchstens zwei größere Jagden, unter Umständen verbunden mit Kahlwildabschuß, für pfleglicher gehalten und deshalb vorgezogen.

Solche Jagden müssen aber, da sie infolge ihrer Größe nicht aus dem Ärmel geschüttelt werden können, planmäßig vorbereitet werden, wenn sie klappen sollen. Infolgedessen müssen sie eine angemessene Zeit vorher festgesetzt werden, damit man die nötigen Schützen zusammenbekommt und die Vorbereitungen sachgemäß und in Ruhe getroffen werden können. Durch die zwangsläufig notwendige frühe Festsetzung des Tages hat man es natürlich nicht in der Hand, daß man für den Jagdtag gerade eine Neue faßt, ja man kann meistens überhaupt nicht mit Sicherheit auf Schnee rechnen. Das ist entschieden ein Nachteil, schon der viel schwierigeren Nachsuche und der Unmöglichkeit wegen, ohne Schnee das Wild sicher einzuspüren. Deshalb haben solche Jagden auch nur dort einen Sinn, wo ein fester Wildstand vorhanden ist, der auch ohne Kreisen mit einem sicheren Ergebnis rechnen läßt.

Noch andere Gründe führen zu der Überlegung, ob es nicht zweckmäßig sein kann, eine solche Jagd schon auf einen so frühzeitigen Zeitpunkt zu legen, an dem man überhaupt noch nicht mit Schnee rechnen kann. Zunächst sind im November die Tage noch erheblich länger, man hat also mehr Zeit und braucht nicht zu hetzen, was immer ein Vorteil ist. Vor allem kann man womöglich einen Teil der Nachsuchen noch an demselben Tag abmachen oder die Einteilung der Treiben von Anfang so einrichten, daß die letzte Stunde Büchsenlicht für die Nachsuche freigehalten wird. Hierzu entschließt man sich in den kurzen Dezembertagen nur ungern, und auch bei den auf Grund des Kreisens abgehaltenen Jagden kommt man schon aus Zeitmangel meist nicht mehr am selben Tag zur Nachsuche.

Ferner hat im Nebelmond das Wild noch keine Not gelitten, sondern ist feist, das Wildpret vollwertig, und die Sauen sind noch nicht durch die Rauschzeit abgefallen. Das Rotwild steht noch nicht in den großen Winterrudeln, sondern kann in kleineren Trupps vor die Schützen gebracht werden, wobei die Auswahl des richtigen Stückes leichter ist.

Schließlich ist das Wild, besonders auch die Sauen, noch nicht beunruhigt, es kennt den Rummel noch nicht oder hat ihn seit dem Vorjahr vergessen. Es ist daher vertrauter, leichter vor- und herauszubringen, und man kann sicherer berechnen, wo es voraussichtlich kommen wird.

Dies sind Vorzüge, die nicht zu unterschätzen sind und die Nachteile des fehlenden Schnees in gewisser Beziehung ausgleichen. Ausgeschlossen ist es ja trotzdem nicht, daß doch vielleicht am Jagdtage die erste Neue liegt oder wenigstens starker Rauhreif, der diese in bescheidenem Maße ersetzt.

Planmäßige Wildjagd

Diese größeren planmäßigen Jagden wollen aber wohldurchdacht sein und stellen vor allem an die Jagdleitung erhebliche Anforderungen. Deshalb möchte ich auch etwas ausführlicher bei ihnen verweilen.

Wir haben uns also entschlossen, eine Treibjagd zu geben, auf der neben Sauen auch einige Stücke Rotwild geschossen werden sollen, und haben zu diesem Zweck 10 Freunde und Bekannte eingeladen. Sagt der eine oder andere ab, so haben wir noch ein paar Reserveschützen in Aussicht, so daß wir mit unserem Revierbeamten etwa 12 Schützen sein werden.

14 Tage haben wir noch bis zum Jagdtage Zeit und können mit Ruhe an die Vorbereitungen gehen. Diese beginnen wir damit, daß wir uns eine Zigarre anstecken, die Revierkarte vornehmen und uns nun überlegen, welche Treiben überhaupt in Frage kommen. Aus der Erfahrung der früheren Jahre kennen wir ja die Haupteinstände, wissen auch durch gelegentliches Abspüren und Beobachten, welche Dickungen z. Z. am aussichtsreichsten erscheinen. Hiernach trifft man seine Auswahl, wobei zu bedenken ist, daß man sich nicht zu viel vornehmen soll, weil man erfahrungsgemäß doch meist nicht alles schafft. Auch soll man sich das Beste nicht für zuletzt aufsparen wollen. Womöglich kommt man nicht mehr dazu, und, wenn man es doch schafft, so läßt sich doch alles Wild, besonders aber die Sauen, gegen Abend viel schlechter treiben als vormittags. Auch wird gegen Abend meist schlechter geschossen, und auch die Stimmung der Gäste ist gleich besser, wenn von Anfang an etwas los ist. Deshalb nehme man die aussichtsreichen Treiben nach Möglichkeit zuerst. Doch spielt natürlich auch die Lage der einzelnen Treiben eine Rolle, man kann nicht wild im Revier herumzickzacken. Gern richtet man es so ein, daß man in der Nähe vom Treffpunkt beginnt und hinten im Revier aufhört. Das spart Zeit, denn man kann früher mit dem ersten Treiben beginnen, und es schadet nicht, wenn man bei der Rückkehr in die Dunkelheit kommt.

Nachdem wir uns so ungefähr klar geworden sind, welche Treiben und in welcher Reihenfolge wir sie nehmen wollen, müssen wir uns überlegen, *wie* wir die einzelnen Treiben anpacken, und wo wir ungefähr die Schützen hinstellen wollen. „So'n blöder Kerl", höre ich schon manche sagen, „was ist da großartig zu überlegen? Meine besonderen Freunde und mich natürlich stelle ich auf die Hauptwechsel, die anderen so zwanglos dazwischen, daß sie ‚zusammenreichen', fertig! Bekanntlich kann man mit der Kugel noch auf 100 m bequem schießen, also können die Schützen auf 200 m Abstand stehen. Dann kann ich die ganze Dickung umstellen, da ja die Sauen nach allen Seiten ausbrechen. Ist die Dickung kleiner, um so besser, dann stehen die Schützen eben enger, und wenn sie schließlich, wie bei der Karnickeljagd, nur nach einer Seite schießen, das ist das Ideal. Und wehe dem Schweinehund, der dann vorbeischießt!" Solche Art von Auffassung und entsprechendes Anstellen findet man häufig, und der Erfolg ist auch meist danach. „Sauen waren massenhaft da und geknallt hat es wie verrückt. Aber die Kerle haben geschossen wie die gesengten Säue." Auf anderen Jagden dagegen kommen auf die gestreckte Sau 2–3 Kugeln, und angeschweißte Stücke sind nicht häufig. Liegt es daran, daß auf der einen Jagd lauter Schlumpschützen waren, auf der anderen alles Kunstschützen? Keineswegs. Es liegt in den allermeisten Fällen an der Jagdleitung, am Anstellen.

Denken wir uns mal in die Seele eines Keilers, der in dem wie bei einer Hasenjagd umstellten Treiben sitzt. Womöglich hat er schon einige Schritt vom Rand gesessen, was solche Bassen mit Vorliebe tun, hat eine Anzahl Schützen zählend an sich vorbeiziehen gehört und merkt nun, daß einer 60 Schritt von seinem Lager stehen bleibt und seinen Stand verbessert. Schon merkt er den Rummel, auch wenn nicht angeblasen wird, und kommt auf *der* Seite sicher nicht raus. Wird er dann von den Treibern losgemacht, so geht er, weil er schon mißtrauisch ist, gegen den Wind. So bekommt er dann mit Sicherheit einen der eng stehenden Schützen weg und läßt sich von Treibern und Hunden im Trieb herumjagen, um irgendwo urplötzlich und unerwartet, vielleicht im Engen, vielleicht auch über eine Kultur oder freies Feld, auszubrechen, auf alle Fälle unberechenbar und in windender Fahrt. Der Erfolg der Beschießung ist daher auch meist negativ. Ähnlich geht es der Rotte, und von dem Rotwild wird sicher ein falsches Stück geschossen, da in der Eile eine vernünftige Auswahl gar nicht möglich ist. Erfolg eines solchen Treibens: Große Knallerei, nichts oder falsche Stücke zur Strecke, einige Nachsuchen. Die armen Schützen, die den Spott für ihr schlechtes Schießen außer dem Ärger einstecken müssen, können nichts dafür, allein der Jagdleiter hat schuld.

Ja, wie soll man es denn anders machen? Gehen wir wieder vom Wild aus: Die Rotte sitzt friedlich in ihrem Kessel und träumt von den über Nacht aufgenommenen Eicheln und Kartoffeln. Plötzlich stellt die alte Bache die Teller. Von weitem hört sie leises Husten, dann Streichen an Zweigen, den Ton von Schritten. „Diese dämlichen Pilzkerls“, denkt sie, „daß die auch überall rumkriechen müssen“, und als die Schritte sich bedenklich nähern, wird sie hoch und trollt, gefolgt von der Rotte, los. Hierbei überlegt sie sich aber gleich, wo sie hin will. Denn man muß doch weiterschlafen, nicht wahr? Die anschließende Dickung ist zu nahe, da könnte einer der verfluchten Kerls auch stören, also lieber gleich einen ordentlichen Abstand dazwischengelegt und nach der Fichtendickung, die 2 km ab ist. Da geht's zugleich auch gegen den Wind, was ein großer Vorzug ist. So setzt sie sich also auf den Hauptwechsel. Am Dickungsrand verhofft sie, windet, nein, die Luft ist rein. Na, sicherheitshalber lieber doch flüchtig über die Schneise. Im vorigen Jahr pfiff und knallte es da auch mal so eklig. Aber nichts passiert. So geht's denn, nun schon gemütlicher, immer auf dem Wechsel durch die nächste Dickung, dann durch Schlenken, Fichtenhorste und Wacholderpartien, manchmal aber auch, um den Weg abzuschneiden, über Kulturen oder durch hohes Holz. Im kurzen Troll, auch öfter ziehend, manchmal verhoffend, zieht so die Rotte ihrem neuen Einstand zu.

So auf die Gewohnheiten und Eigenart der Sauen bauend, muß der Jagdleiter die Treiben anlegen und die Stände besetzen. Er muß sich zunächst von dem Wahn freimachen, daß die Schützen „zusammenreichen“ müßten. Das Wild darf vor allem vom Anstellen nichts merken, damit es von der Gefahr, die draußen wartet, nichts ahnt. Wenn es auch vielleicht im Treiben durch Hunde oder Treiber in Druck gebracht worden ist und zunächst planlos aus der Dickung spritzt, so findet es sich doch aus alter Gewohnheit nach kurzem wieder auf die Wechsel, fällt, wenn beim Herauskommen aus der Dickung nichts passiert, meist in ruhigere Gangart, und da eben müssen die Schützen stehen. Dann kann man auch von ihnen verlangen, daß sie etwas treffen, und das tun sie dann auch. Man kann es aber nicht von ihnen verlangen, wenn die Sauen in höchster Fahrt überraschend aus der Dickung spritzen oder auf weite Entfernung die Schneise überfallen.

Der Sinn der Jagd ist nämlich nicht, wie manche Jagdherren

glauben, die Gäste zum Schuß zu bringen, ohne Rücksicht auf den Erfolg, sondern eine gute Strecke zu erzielen. Legt man hierauf Wert, so empfiehlt es sich, von dem engen Umstellen abzugehen und die Schützen weiter abzustellen. Da nun auch bei nahe aneinanderliegenden Treiben das Wild aus dem anschließenden Teil schon leicht vorzeitig beunruhigt, auch oft von durchflüchtendem Wild mitgenommen wird, so kommt man von selbst dazu, die Treiben größer anzulegen und mehrere kleine Treiben, die man früher einzeln genommen hat, zusammenzunehmen. Hat man sich erst einmal an den Gedanken gewöhnt, daß ein lückenloses Umstellen eher schädlich als nützlich ist, so geht die Sache wunderschön.

Als Beispiel, wie man mehrere Treiben zu einem größeren zusammenfassen kann, darf ich einmal einen Trieb meiner eigenen Wildjagd anführen und beschreiben, den ich zum ersten Male in dieser Art auf Grund theoretischer Erwägungen machte, denn bis dahin hatte ich diese Treiben auf der großen Jagd gar nicht oder einzeln genommen. Ich wußte nur von gelegentlichen kleinen Drücken, daß die Sauen aus der Dickung I über einen bestimmten Hauptwechsel nach Dickung II flüchteten, um von dort u. U. über das große freie Torfmoor in eine im Westen liegende Hauptdickung zu kommen. Saßen sie in II, einer winzigen Dickung von einem halben Morgen, so gingen sie, je nach Laune, entweder nach I oder III, manchmal aber auch in der Angst quer über das Torfmoor. In III, einer alten erprobten Saudickung von etwa 8 Morgen, die schon etwas licht wurde, kannte ich genau die Wechsel. Der beste ging über Stand 10 zu der nächsten großen Dickung, doch war auch Stand 7 sehr gut, wenn auch hauptsächlich nur als Rotwildwechsel.

Nachdem ich am Morgen des Jagdtages bei schönstem Rauhreif und bester Laune die Schützen angestellt hatte, stand ich auf Stand 12 auf einem Wildacker und wartete auf den ersten Schuß.

Die Dickungsteile sollten in der Reihenfolge I, II, III getrieben werden, die einzelnen Teile, je nach Bedarf so oft hin und her, wie noch Wild drin stände. – Ich wurde schon ungeduldig, denn es wollte nicht knallen. Da, endlich, eine halbe Stunde, nachdem das Treiben angehen sollte, die ersten erlösenden Schüsse, anscheinend von Stand 1 und 2 her. Dazwischen das verschwommene Geläut der Teckel. Und dann in ganz ruhigen Abständen ein langsames Schützenfeuer. Wir zählten 25 Schuß, sahen vor uns auf die Stände 9 und 10 die Sauen mehrfach verhoffend anwechseln und waren gespannt auf das Ergebnis. Es hatte geklappt.

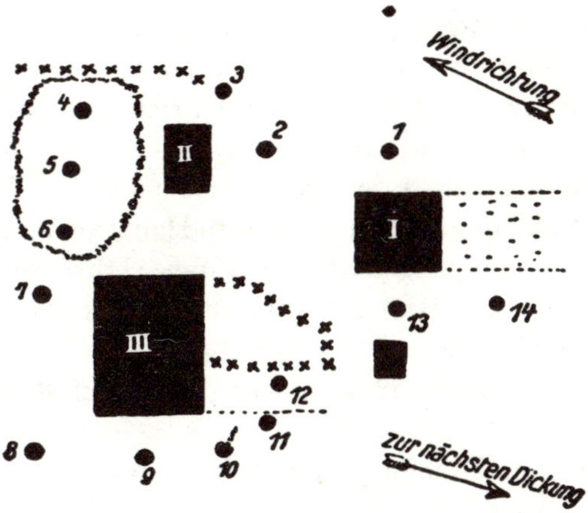

Skizze des ersten Treibens, Borntin 1933

Dickung I hatte voll von Sauen gesteckt, die zuerst nicht raus wollten. Wahrscheinlich stammten sie aus der Nachbarschaft, wo vor ein paar Tagen mit sehr viel Schützen und kleinen Treiben gejagt worden war, von wo sie wohl schlechte Erfahrungen mitbrachten. Ein Teil war über die Wiese nach Osten ausgebrochen, und zu ihrem Glück hatte der Schütze, der dort stehen sollte, im letzten Augenblick abgesagt. Die anderen waren bei Stand 1 und 2 gekommen, wo jeder der beiden Schützen sich ein Stück herausgeholt hatte. Ein Frischling war dem Schützen 3 von hinten gekommen, der nicht fertig geworden war. Bei 4 war ein einzelner Hirsch gekommen, 5 hatte einen Frischling, 6 auf Sauen vorbeigeschossen. 7 hatte ein einzelnes Wildkalb zur Strecke, als die Treiber die Dickung III durchgingen. Das Alttier dazu hatte Schütze 8 erlegt, außerdem noch einen Überläufer. An 9 war der Segen rechts und links abgeglitten, er war nicht zu Schuß gekommen, und Schütze 10 hatte, wie erwartet, den Löwenanteil. Er hatte

3 Sauen im Verhoffen geschossen, der letzte Keiler, der noch weiterging, war von Nr. 11 totgeschossen worden. Ich selbst auf Stand 12 hätte ein Schmaltier schießen können, wenn ich nicht gerade auf die Sauen gepaßt hätte. Schütze 13, der den Stand erst ausprobieren sollte, sah Sauen, die ihm zu weit kamen und erlegte ein Schmaltier. Der Förster schließlich, auf dem letzten Stand 14, erlebte nichts. So hatten wir glücklich mit 25 Kugeln 7 Sauen und 3 Stücke Rotwild zur Strecke, und ich war sehr stolz über das geglückte Treiben. Der Erfolg lag an der richtigen Berechnung der Wechsel, dem Umstand, daß es gelungen war, die Sauen zu sprengen und schließlich dem weiten Abstellen, so daß das Wild aus der Gefahrenzone zu sein glaubte und langsam kam. Daher gab es auch keine einzige Nachsuche. Einige Jahre später klappte dasselbe Treiben noch besser. Wir hatten die erste Neue des Jahres erwischt, die Dickungen steckten voll Sauen, und wir schossen mit 60 Schuß, einschließlich der Fangschüsse, 2 Stück Rotwild und 18 Sauen.

Wenn man die Treiben größer anlegt, so dauern sie natürlich entsprechend länger, und man kann nicht so viel Treiben machen wie bei der anderen Art. Da aber mindestens dieselbe Fläche getrieben werden kann, so ist dies kein Nachteil, sondern im Gegenteil ein erheblicher Vorteil. Es wird lange nicht soviel Zeit mit dem Umziehen von einem zum anderen Treiben verplempert, und der Jagdleiter braucht nicht so oft seine Anweisungen zu erteilen. Es ist für die Leitung wesentlich einfacher, z. B. dreimal 12 Schützen auf ihre Stände zu bringen und sie abzuholen als vielleicht achtmal. Auch die Schützen ermüdet es nicht so, als wenn sie eigentlich die Hälfte des Tages bergauf, bergab laufen müssen. Dies kommt dann den Schießleistungen zugute.

Vor allem kommt aber die geringe Zahl der Treiben der Vorbereitung und sorgfältigen Auswahl der Stände zugute, und das ist sehr wesentlich für den Erfolg.

Von diesem Gesichtspunkt der planmäßigen und reibungslosen Abwicklung der Jagd heraus kann man dann in die Versuchung kommen, die Treiben immer größer zu machen, so daß man nur zwei an einem Jagdtage schafft. Solche Jagden können, richtig angelegt, sehr erfolgreich sein und sind für die Leitung der Jagd geradezu ideal. Aber in solchen Treiben bei windigem kalten Wetter 3 Stunden, wenn auch auf vorbereitetem Stand zu stehen, ist für den Schützen bei schlechtem Anlauf keine reine Freude. Auf die Dauer läßt auch die Aufmerksamkeit nach, und wenn dann doch unerwartet etwas kommt, so wird schlecht geschossen.

So liegt das Gute, wie so oft im Leben, in der Mitte bei Treiben von 1 – 1½ Stunden Dauer. Solange kann auch bei Kälte die Aufmerksamkeit bewahrt werden. Bei dieser Dauer der Treiben wird man je nach Anmarsch, Lage der Treiben zueinander, Zeit für Anstellen und Feststellen der Anschüsse etwa 3 – 5 je Tag rechnen können.

Kehren wir nach diesen Betrachtungen wieder zu unserer Vorbereitung einer Wildjagd mit Revierkarte und Zigarre zurück. Wir haben unsere Absicht, 8 Treiben machen zu wollen, auf Grund der oben angestellten Erwägungen etwas revidiert und haben uns jetzt durch Zusammenlegen einzelner Teile auf 4 Treiben geeinigt. So hoffen wir gerade mit der verfügbaren Zeit des kurzen Novembertages auszukommen. Sollte es doch schneller gehen als erwartet – das trifft aber meist nur zu, wenn wenig Wild da ist – so wollen wir zum Schluß noch eine kleine Dickung, die in der Nähe des letzten Treibens liegt, aus freier Hand nehmen.

Nachdem wir uns von der Karte mit mehr oder weniger Geschick eine ganz rohe Skizze der einzelnen Treiben gemacht haben, gehen wir nun daran, in diese die einzelnen Stände einzuzeichnen.

Etwa die Hälfte von ihnen liegt so ziemlich fest. Das sind die bekannten Hauptwechsel. Diese sind z. T. durch Erfahrung bekannt aus den Jagden vergangener Jahre und auch vielleicht aus Nachsuchen. Denn gerade bei längeren Nachsuchen lernt man die Wechsel gut kennen, da die Sauen sie mit ziemlicher Sicherheit halten. Gute Wechsel sind immer die nächste Verbindung zweier Dickungen, Schlenken oder Senken, besonders wenn sie etwas Deckung bieten, wie überhaupt die Sauen Deckung wundervoll auszunützen verstehen. Das Rotwild benutzt dagegen mit Vorliebe die Höhen, da es von dort besser äugen kann. In Revieren, wo man die Fluchtwechsel der Sauen noch nicht kennt – sie sind längst nicht immer dieselben wie die Wechsel zum Fraß –, kann man mit

Sicherheit darauf rechnen, daß die bekannten Fuchspässe auch gute Sauwechsel sein werden. Wo Kulturgatter oder andere Zäune einen Teil des Treibens absperren, pflegen dicht an den Zäunen gute Wechsel zu liegen, da die Sauen am Zaun entlang kommen und die erste Gelegenheit benutzen, abzubiegen, wenn der Zaun zu Ende ist. Oft gehen aber auch die Wechsel anscheinend ganz ohne Grund über freie Flächen. Das ist meistens dann der Fall, wenn in dieser Richtung gute ausgedehnte Dickungen in der Nähe liegen. Dann nehmen die Sauen eine kurze deckungslose Strecke oft lieber in Kauf, als wenn sie durch den Bestand einen längeren Fluchtweg haben.

Der Wind spielt bei der Beurteilung der Güte der Stände keine Rolle, wenn diese überhaupt so weit vom Dickungsrand abliegen, daß das Wild vom Rande keine Wittrung vom Schützen bekommt. In erster Linie steht das Bestreben, möglichst bald und gedeckt in eine ruhige Gegend zu kommen. Hierbei wird auch schlechter Wind mit in Kauf genommen. Beim Rotwild dagegen sind die Stände gegen den Wind stets die besten.

Nach diesen Gesichtspunkten merken wir uns die bekannten oder gut scheinenden Stände in der Karte an. Dann haben wir 5 bis 6 Stände weg und müssen nun sehen, wie wir die übrigen unterbringen. Es wäre falsch, die anderen nun zwanglos dazwischen zu postieren, da wir dann ja wieder auf das berühmte Zusammenreichen herauskommen. Wir können vielleicht nach der

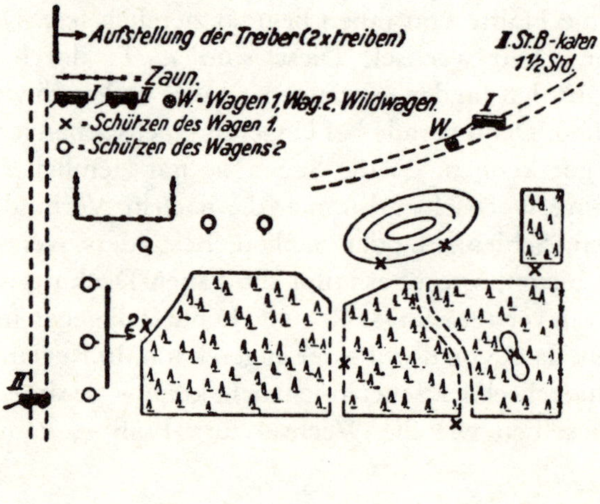

einen Seite, die die Richtung aufs Feld oder ein Dorf hat, auf einer Strecke von 300–500 Metern ganz ohne Besetzung auskommen, dafür auf einer anderen Seite, wo man der Geländeverhältnisse oder der Bodenbewachsung wegen nur geringes Gesichtsfeld hat, etwas enger stellen.

Ein oder zwei Schützen wird sich der kundige Jagdleiter aber zurücklassen, um sie an geeigneten Stellen mitten ins Treiben zu stellen, und zwar auf die Verbindung zweier Dickungen, an Blößen und auf Schneisen, wo sichere Wechsel vorbeilaufen. Der Zweck dieser Maßnahme ist nämlich, die Sauen, die manchmal, besonders gegen Abend, nicht gern mehr die Dickungen verlassen wollen, hierzu zu zwingen. Denn wenn eine Rotte so mitten im Treiben Feuer bekommt, so bleibt sie sicher nicht im anschließenden Teil stehen, sondern begibt sich auf die Reise. Auch gelingt es nicht selten, hierdurch die Rotte zu sprengen, was den besonderen Vorzug hat, daß mehr Schützen zum Schuß kommen und die Strecke dadurch größer wird, als wenn sie geschlossen an einer Stelle kommt und im günstigsten Fall 2 Stück herausgeschossen werden.

Solche Stände mitten drin liegen meist sehr im Engen und erfordern daher einen sicheren, flinken Schützen.

So, nun hätten wir auf dem Papier unsere 12 Schützen untergebracht. Da wir wohl meistens von 2 Seiten anstellen, um Zeit zu sparen, und die Schützen womöglich auf Wagen fahren, so werden wir sie in 2 Partien einteilen und jetzt schon die Stände, die von ihnen besetzt werden sollen, durch verschiedenfarbige Unterstreichung kenntlich machen. Dann zeichnen wir uns in unsere Skizze noch mit einem Pfeilstrich ein, von welcher Seite das Treiben genommen werden soll, und den Halteplatz der Fahrzeuge. Oben in die Ecke kommt die Nummer und Bezeichnung des Treibens und die voraussichtliche Zeitdauer.

Ehe wir nun ins Revier gehen, um die auf dem Papier ausgesuchten Stände draußen endgültig festzulegen, wollen wir jetzt etwas vorwegnehmen, was wir eigentlich erst tun können, wenn die Antworten auf unsere Einladung zurück sind, nämlich die Zuteilung der Stände an die einzelnen Schützen. Bei der Hasenjagd kann man wohl erst beim Anstellen selbst zwanglos die Schützen auf die mit Stroh abgebundenen oder sonstwie bezeichneten Stände stellen, nicht aber auf einer Wildjagd. Das Anstellen nach Losnummern, das den Anschein der Objektivität erwecken soll, ist m. E. schon bei Hasenjagden nicht praktisch, bei einer Wildjagd ist es geradezu Blödsinn.

Jeder Stand hat seine Eigenheiten und jeder Schütze seine bestimmten Fähigkeiten. Beide müssen aufeinander abgestimmt werden. Einen langsamen Schützen auf eine enge Schneise zu stellen, hat gar keinen Zweck. Ebensogut brauchte dort gar keiner zu stehen. Aber im Altholz oder dort, wo die Sauen langsam zu kommen pflegen, wird er seinen Mann stellen. Auch schwerhörige Gäste wird man nicht gern ins Enge stellen, da sie die Sauen nicht ankommen hören. Den gewandten, flinken Mann kann man dagegen überall brauchen. Schließlich ist auch noch die Marschfähigkeit der einzelnen zu berücksichtigen. Älteren Herren wird man nicht die weitesten Wege zumuten, erstens aus Rücksicht auf sie selbst und dann auch auf den Beginn des Treibens.

Wenn man so mit Liebe jedem einzelnen Schützen nach seinen körperlichen und jagdlichen Fähigkeiten seinen Stand zuteilt, so ist das schon der halbe Erfolg. Sehr gern stellte ich Leute, die einen Stand erfolgreich verteidigt hatten, im nächsten Jahr wieder dort hin. Das hat mehrfache Vorzüge. Der Schütze ist mit den Eigenarten des Standes schon vertraut, weiß, wo er das Wild zu erwarten hat, hat vor allem Vertrauen zu dem Posten, schießt daher auch besser, und er hat das Gefühl, gut behandelt zu werden. Auch für die Jagdleitung ist es eine Erleichterung, wenn einige Schützen die Stände schon kennen, sie finden allein hin und brauchen nicht erst eingewiesen zu werden. Das schont Beine und Mundwerk, und beides wird bei dem armen Jagdleiter an solchem Tage schon genug beansprucht.

Ungern stelle ich aber jemand wieder dorthin, wo er im Vorjahr nichts erlebt hat. Er fühlt sich zurückgesetzt, und wenn dann unglücklicherweise wieder nichts kommt, dann ist es schlimm.

Schließlich muß der Jagdherr oder -leiter auch noch für sich einen Stand aussuchen. Daß er sich nicht gerade den besten aussucht, ist wohl selbstverständlich, kommt aber auch manchmal vor. Im allgemeinen wird der Stand des Jagdleiters so liegen, daß er am weitesten von der Ablaufstelle entfernt ist, da er ja meist die Schützen oder jedenfalls die Hälfte anstellen und nach dem Treiben abholen muß. Hieran ist der Stand in gewissem Sinne gebunden. Doch soll er auch so liegen, daß der Leiter Einfluß auf die Treiber behält. Bei Treiben, die vielleicht nur einmal genommen werden, gehört er in die Front, damit die Treiber nach dem Durchgehen auf ihn stoßen und er auf Grund seines Eindrucks gleich entscheiden kann, ob noch einmal zurückgetrieben oder abgeblasen werden soll. Bei Treiben, die eo ipso hin- und zurückgetrieben werden, gehört der Jagdleiter auf den Rückwechsel.

So, nun haben wir die Schreibtischarbeit, die uns aber auch in Gedanken an den bevorstehenden Jagdtag viel Spaß gemacht hat, beendet, und nun packen wir am nächsten schönen Tage die Zettel in die Tasche und ziehen ins Revier, um die Stände an Ort und Stelle auszusuchen. Auch dies tun wir mit Liebe und Sorgfalt, denn es kommt dem Erfolg zugute. Etwa 30–40 Schritt von den Hauptwechseln suchen wir uns eine Stelle, wo der Schütze nach Möglichkeit etwas Deckung hat und vor allem gutes Schußfeld. Wenn man einige Schritte vor oder nach der Seite tritt, sieht die Sache im Holz schon oft ganz anders aus. Die Hauptsache ist das Schußfeld, genau wie in der Felddienstordnung geht es vor Deckung. Diese kann man nötigenfalls immer noch durch das Einstecken kleiner Sträucher herstellen. Soll der Stand öfter benutzt werden, empfiehlt sich der Bau eines kleinen Schirms, der den Schützen im Sitzen bis zur Brusthöhe deckt. Er läßt sich von einem geschickten Mann durch Einschlagen einiger Pfähle von Handgelenkstärke und Dazwischenflechten von Zweigen oder Wacholderbüschen in einer Viertelstunde herstellen. Gern legte ich die Stände an einen nicht zu starken Baum. Der Schütze hat dann die Möglichkeit, seine Büchse bei längeren Treiben anzulehnen, und kann auf vor ihm verhoffende Stücke angestrichen schießen.

Sehr geeignet als Deckung sind auch Meterstöße oder Klaftern, hinter die man die Schützen stellt. In sehr unsichtigem Gelände, z. B. in hohen Wacholderpartien, wo wenig Schußfeld ist, habe ich mit großem Erfolg die Schützen *auf* die Klaftern gestellt. Man ahnt gar nicht, wieviel der Höhenunterschied von 1 m oft ausmacht. Man muß hierbei aber vorher prüfen, ob die Holzhaufen auch absolut sicher stehen, damit mit der geladenen Büchse nachher kein Unglück passiert.

Auch vorhandene offene Hochsitze eignen sich vorzüglich als Stände, besonders in heranwachsenden Kulturen, wo man die Sauen von unten nicht mehr recht frei hat.

Obgleich man bei Saujagden selten ohne sie auskommt, sind Stände auf Schneisen und Gestellen zwischen Dickungen meist unangenehm. Bei Wind hört man die Sauen nicht, und daher kommen sie fast immer überraschend. Eine große Hilfe sind da sogenannte Krähenfüße, ganz schmale, in die Dickung eingeschnittene „Kiekschneisen", über die man die Sauen huschen sieht und sich fertig machen kann. Sie verhindern auch oft, daß auf solch

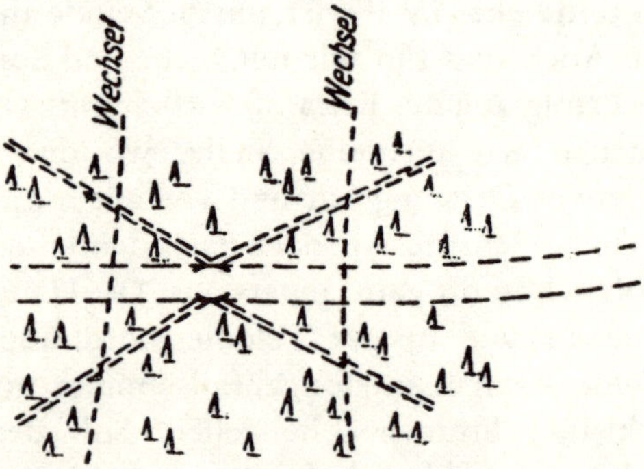

Krähenfüße auf einem Stand mitten im Treiben

engen Stellen die Bache von den Frischlingen geschossen wird, da man auch mit einem Auge hinter dem ersten dicken Kasten noch etwas wimmeln sieht, während ohne diese Vorbereitung oft der Schuß heraus ist, bevor die Frischlinge zu sehen sind.

Diese Krähenfüße müssen aber sehr schmal und diskret angebracht werden. Macht man sie zu breit, werden sie nämlich von den Sauen gern umgangen, und dann kommen sie erst recht unerwartet und dazu weiter.

Vielfach werden die Stände bei weitem Abstellen so liegen, daß infolge des Geländes der Schütze gar keine Nachbarn hat und infolgedessen auch keine Rücksicht auf solche zu nehmen braucht.

In allen übrigen Fällen aber muß die Richtung auf den Nachbarn gekennzeichnet sein, sei es durch Anschalmen der Bäume in dieser Richtung, sei es durch Anbinden von Strohwischen, auch wenn man den Nachbarn sehen kann. Stehen z. B. auf einer Längsseite eines Treibens mehrere Schützen im hohen Holz, so richtet man die Stände nach Möglichkeit aus. Dadurch braucht jeder nur auf seinen nächsten Nachbarn aufzupassen und nicht noch womöglich auf die beiden übernächsten. Wo dieser Gesichtspunkt nicht beachtet wurde, habe ich schon auf Ständen gestanden, wo ich eigentlich überhaupt nicht schießen konnte. Besondere Vorsicht ist bei Ständen auf dem Haken nötig. Hier muß die Richtung auf den Nachbarn besonders sorgfältig gekennzeichnet sein, sonst schießt der vorsichtige Mann gar nicht, der unvorsichtige richtet Unheil an. Gerade das sorgfältige Aussuchen der Stände bietet die beste Gewähr gegen Unglücksfälle, für die sonst die Jagdleitung die Schuld treffen würde.

Es ist aber klar, daß solche planmäßig vorbereiteten Saujagden nur dort Sinn haben, wo in größeren zusammenhängenden Revieren, wie es Staatsforsten und große Herrschafts- und Gutsreviere sind, die Sauen Standwild sind und man bestimmt damit rechnen kann, daß sie zu Hause sind.

In den übrigen, leider immer kleiner werdenden Revieren, wo nur ein geringer Schwarzwildbestand vorhanden ist, oder die Sauen nur Wechselwild sind, wird man neben einem gewissen Sommerabschuß und der Jagd bei Vollmond eine Neue abwarten müssen, um durch Kreisen festzustellen, ob Sauen stecken.

Dann wird man aus der näheren Umgebung Nachbarn, Freunde und Bekannte herbeitelefonieren, die womöglich schon darauf lauern, daß Sauen fest sind.

Wenn dann aber für eine eingekreiste Rotte von 3 Überläufern oder eine Bache mit Frischlingen ein Aufgebot von 30 Schützen antritt, dann steht dies in keinem Verhältnis zu dem Aufwand, und die Poesie der Saujagd geht verloren.

Treiber

Eine sehr wichtige Rolle bei der Saujagd spielen die Treiber. Man hört oft über die Treiber schimpfen und ihnen die Schuld an mißglückten Treiben zuschieben. Es stimmt auch öfter, daß sie bei Schneebehang oder Regenwetter hintereinanderlaufen und wenig Interesse zeigen. Das ist aber nicht Schuld der Treiber, sondern immer der Jagdleitung. Jeder hat die Treiber, die er verdient. Daher findet man bei Jagden, wo die Sache klappt, auch immer ganz vorzügliche und passionierte Treiber. Da kann man, wenn man viel herumkommt und die Augen aufmacht, oft Vergleiche ziehen.

Als Treiber nehme man die ruhigsten und verständigsten Leute, die man auftreiben kann, am besten Wald- oder Landarbeiter. Halbwüchsige Bengels und Mädchen mögen ja bei Hasen- und Karnickeljagden zur Not zu brauchen sein, auf Wildjagden gehören sie nicht hin. Denn in schneeverhangener oder nasser Dickung ist eine Aufsicht nicht möglich, hier braucht man Männer, die auch ohne daß ein Auge über ihnen wacht, mit Verständnis und Passion ihre Pflicht tun. Denn es ist schon mehr Waidmannsarbeit als mechanische Treiberdienste, was sie leisten sollen.

Die Seele der Treiberwehr ist der Obertreiber. Er muß der beste, hellste und revierkundigste Mann sein, auf den man sich unbedingt verlassen kann. Er trägt die Verantwortung und ist daher auch mit Recht am stolzesten, wenn es gut geklappt hat. Oft bilden sich solche Obertreiber zu wahren Originalen aus und zeigen vor allem in der Beurteilung der Schützen eine Treffsicherheit des Urteils, die erstaunlich ist. Sehr liebevoll fällt sie manchmal nicht gerade aus. So hatte ein guter Freund von mir auf einer Schneise mitten im Treiben auf Sauen vorbeigeschossen und erklärte, es wäre so weit gewesen, mindestens hundert Schritt, und da wäre es eben gar nicht möglich gewesen, zu treffen. Wer allein auf weiter Flur steht, kann viel erzählen, denn er hat keine Zeugen. Besonders lag es in diesem Falle bei meinem Freund nahe, der auch sonst der „Fünfzigprozentige“ heißt. Als wir daher am nächsten Tage auf der Nachsuche in die Gegend kamen, untersuchte ich die Sache, fand die Fluchtfährte der Sauen 40 Schritt vom Stand und den Einschlag der Geschosse davor in der Erde. „Kiek, den haben wir endlich mal geschnappt", bemerkte der Obertreiber, der mich begleitete, trocken.

Über die Anzahl der Treiber, die man gebraucht, hört man die verschiedensten Ansichten. Ich habe mit sehr viel Treibern selten gute Treiben gesehen. Es finden sich dann zuviel Leute dazu, die nicht geeignet sind und die Ordnung verderben. Man soll auch nicht denken, daß man wie beim Karnickeltreiben die Sauen durch enges Gehen der Treiber vor bekommt, wenn sie nicht wollen. Je nach Größe der Treiben wird man mit 4 — 8 Treibern auskommen.

Lautes Treiben ist vom Übel. Man macht die Sauen nur mißtrauisch, und sie gehen dann nicht mit Gewalt heraus. Es soll gerade nur so laut getrieben werden, daß die Treiber sich gegenseitig hören können, um nicht aus der Richtung zu kommen. Kommen sie an Wild, so werden sie von sich aus schon lebhafter. Auch sollen die Treiber nicht wie die Wilden durch die Dickung laufen, um möglichst schnell wieder herauszukommen, sondern recht langsam und gemütlich, bei weiten Abständen hin- und hergehend.

Oft wird es nötig sein, noch einmal zurück zu treiben, da beim ersten Durchgehen die Sauen nur teilweise, manchmal auch gar nicht herausgehen. Haben sie erst Erfahrung und ist es ihnen schon einmal geglückt, so brechen sie beim erstenmal, wenn die Treiber an sie kommen, durch die Wehr und bleiben nach 50 Schritt ganz still stehen. Wenn die Treiber dann erst nach einer halben oder ganzen Stunde wiederkommen, so machen sie es wieder so und vielleicht noch zum drittenmal. Sie haben eben Zeit, sich zu besinnen. Deswegen habe ich es mir als praktisch ausprobiert, daß man die Treiber sofort kehrt machen läßt, sobald Sauen nach rückwärts durchbrechen und es nicht bald knallt. So treffen die Treiber, statt nach einer längeren Zeit, schon nach 5 Minuten wieder auf die Rotte. Versuchen die Sauen ihren Trick wieder, gleich heißt es wieder kehrt, und nun wird es ihnen meistens zu dumm, da sie nicht zur Besinnung kommen können, und sie machen sich auf die Reise. Hierzu müssen die Treiber aber selbständig erzogen werden.

Kann man mit Rotwild im Treiben rechnen, ganz gleich, ob es zum Abschuß freigegeben ist oder nicht, so läßt man das erstemal ganz leise und möglichst gegen den Wind durchgehen, damit es Gelegenheit hat, sich rechtzeitig und ohne größere Beunruhigung aus dem Treiben zu stehlen. Ebenso läßt man die Hunde in diesem Falle erst beim zweiten Durchgehen los, um das Rotwild nicht unnötig in Angst zu bringen, denn das nimmt es todübel.

Da der Jagdleiter, wenn er nicht gerade mittreibt, was, wie ich selbst erfahren habe, sehr seine Reize hat, aber doch zu den Ausnahmen gehören wird, während des Treibens so gut wie gar keine Einwirkung auf die Treiber hat, so muß man ihnen einen verhältnismäßig großen Grad von Selbständigkeit einräumen. Es ist, wie gesagt, schon mehr Waidwerk als bloße Treiberdienste, was man von ihnen verlangt. Ihr Interesse kann man erheblich anregen, wenn man ihnen Prämien für jedes erlegte Stück aussetzt. Die schlechten Schützen können dabei allerdings manchmal einige mißfällige Bemerkungen zu hören bekommen. Das gegenteilige Prinzip wandte ein Jagdherr an, der seine Gäste für jeden Fehlschuß einen Betrag zugunsten der Treiber zahlen ließ. Diese freuten sich dann auch, wenn es recht schön knallte, die Strecke war ihnen aber ganz gleichgültig. Deshalb glaube ich, daß die erste Art vorzuziehen ist.

Daß man auch sonst für seine Treiber sorgt, sollte eigentlich selbstverständlich sein, denn es liegt außer menschlichen Gründen auch im eigenen Interesse. Wo es die Verhältnisse erlauben, soll man sie bei weiten Entfernungen fahren lassen, ihnen beim Frühstück eine warme Suppe geben, wenn sie naß und müde geworden sind. Doch sei man vorsichtig mit Schnaps während der Jagd. Hinterher, nach einem gelungenen Tage meinetwegen, soviel wie reingeht, beim Frühstück aber nur in kleinen Portionen, denn sie vertragen im allgemeinen sehr wenig, und die Ordnung und Disziplin läßt sofort nach.

Hunde

Seit alters her spielen Hunde bei den Saujagden eine große Rolle. Zwar ist die Zeit der großen Meuten mit Findern und Packern im allgemeinen vorbei, weil die Jagdart eine andere geworden ist und der Hauptwert darauf gelegt wird, die Sauen so vor die Schützen zu bringen, daß sie mit einer guten Kugel zur Strecke gebracht werden. Aber auch hierzu sind die Hunde auch heute noch kaum zu entbehren. Es ist nicht nur deshalb, weil das Hundegeläut nun einmal zu der Poesie der Saujagd gehört, sie helfen auch wesentlich den Treibern bei ihrer schwierigen Arbeit.

Bei Schneebehang und bürstendichten Schonungen lassen sich die gerissenen Sauen leicht übergehen oder bleiben, einmal losgemacht, bald wieder stecken. Da können Hunde, die die Sauen bald finden und stellen, sie womöglich sprengen, den Treibern wesentliche Dienste leisten, indem sie diese auf die Sauen aufmerksam machen. Und für den Schützen ist es nicht nur ein Hochgenuß, den Laut des Hundes auf sich zukommen zu hören, es macht ihn auch auf das Erscheinen der Sauen aufmerksam und erleichtert ihm den Schuß, da er vorbereitet ist.

Von einem guten Sauhund verlangt man, daß er an keinem anderen Wild jagt, daß er laut ist und daß er nicht überjagt. Er soll nicht zu schnell und scharf sein, weil sonst die Sauen zu große Angst vor ihm haben und zu flüchtig vor die Schützen kommen. Daher eignen sich am besten Teckel und ihre Bastarde und Spaniels.

Man kann wohl erstklassige Gebrauchs- und Schweißhunde kaufen, aber keine Sauhunde. Wer einen guten hat, gibt ihn nicht für Geld und gute Worte her. Man muß sich daher solche Hunde selbst erziehen. Werden sie oft auf Sauen gebraucht, werden vor allem nur Sauen vor ihnen geschossen, so merken sie bald, worauf es ankommt. Auch wenn sie noch nicht ganz rein an Hasen und Rehen sind, hört man doch an dem viel tiefer werdenden Hals, wenn sie an Sauen kommen. Zu große Schärfe ist meist nicht vorteilhaft, weil solche Hunde in ihrer Unerfahrenheit zu Anfang leicht geschlagen werden und dadurch verdorben werden können. Manchmal werden sie dann aber nur vorsichtiger, ohne ihre Passion zu verlieren. Das sind dann die richtigen.

Ich habe im Laufe der Jahre fabelhafte Sauhunde kennengelernt, deren Ruf durch die ganze Gegend ging, und die man fast mit „Sie“ anredete. Der berühmteste war „Moses“, ein Teckel, der auch als Schweißhund hervorragend war, obgleich er in seinem Leben nie einen Riemen kennengelernt hatte. Er brachte, auf dem Einwechsel geschnallt, auch ohne Treiber jeden Keiler auf dem Hauptwechsel vor den Schützen, wenn es auch lange dauerte. Da er sehr vorsichtig war, so bekam er es meist nicht fertig, die Rotte zu sprengen, sondern „hütete“ die ganze Rotte in langsamem Tempo dem Schützen zu. Sein Enkel „Fidus“ dagegen hatte den Trick, sich gegen Wind ganz leise an den Kessel anzuschleichen und überraschend mit „Gebrüll“ dazwischenzufahren. Ihm gelang es daher meistens, die Rotte zu sprengen, was ein großer Vorteil ist.

Alle mir bekannten guten Hunde wurden es aber erst durch viel Übung und Erfahrung. Die Saufährte hat eine ganz ausgesprochene Wittrung, die die meisten Hunde der Wittrung anderen Wildes vorzuziehen scheinen. Wenn sie nun merken, daß es hierauf ankommt, und wenigstens zu Anfang kein anderes Wild vor ihnen geschossen wird, so gewöhnen sie sich bald daran, nur an Sauen zu jagen.

Um Sauhunde zu ziehen, wird man natürlich gern auf erprobte

Hunde zurückgreifen. Doch ist es ein Irrtum, von Kreuzungen besondere Vorteile zu erwarten. Ein Kreuzungsprodukt *kann* natürlich auch ein guter Sauhund werden, doch ist es immer eine kleine Beleidigung für das Auge, und es ist daher stets erstrebenswerter und stilgerechter, mit rein- und edelgezogenen Hunden auf Sauen zu jagen.

Junge Hunde läßt man am besten von alten erfahrenen anlernen, sofern dies möglich ist. Wenn der alte Hund gefunden hat und stellt, schnallt man den jungen unter Anhetzen, er findet sich dann aus Neugier an den Laut heran und schlägt sich bei. Hat man keinen alten Hund zum Anlernen, so schnallt man den jungen Hund erst am Kessel, wo er, durch die warme Wittrung erregt, bald merken wird, was er soll. Erfahrene Hunde wissen genau, worauf es ankommt, und wenn sie bei großen Treiben innerhalb von 10 Minuten nicht gefunden haben und zu den Treibern zurückkommen, so kann man sich darauf verlassen, daß das Treiben leer ist.

Eine große Meute ist wohl schön, aber durchaus nicht nötig. Ein oder zwei gute Hunde genügen vollkommen. Nur dort, wo in Gegenden mit Mittelgebirgscharakter, wie z. B. in der Eifel, riesige undurchdringliche Dickungen ein geordnetes Treiben zur Unmöglichkeit machen, treten die Hunde fast ganz an die Stelle der Treiber, und in solchen Fällen haben sich größere Meuten aufs beste bewährt.

Muß man mit Rotwild im Treiben rechnen, so läßt man die Hunde beim ersten Durchgehen am besten angeleint, denn gerade das empfindliche Rotwild nimmt das Hetzen der Hunde besonders übel.

Sonderbarerweise werden die Hunde selten geschlagen. Nur wenn man mit größeren Meuten jagt, werden sie im Gefühl ihrer Überlegenheit oder vielleicht auch aus gegenseitiger Eifersucht leichtsinnig und gehen stürmisch drauf. Dann kann es gelegentlich mal einem oder dem anderen Hund sogar ans Leben gehen.

Hat man sich erst einmal an das Treiben mit Hunden gewöhnt, so vermißt man geradezu etwas, wenn man auf Jagden kommt, wo ohne diese getrieben wird. Denn der Hundelaut ist die schönste Melodie bei der Saujagd im Winterwald.

Leitung der Jagd

Kehren wir nach dieser Betrachtung über Treiber und Hunde zu den Vorbereitungen unserer Jagd zurück. Wir haben die Stände fertig gemacht, sind uns schlüssig geworden, wer auf die einzelnen Stände kommen soll, haben die Einteilung des Anstellens geregelt, die Wagenverteilung vorgenommen und sind nun 3 Tage vor der Jagd mit allen Vorbereitungen fertig.

Nun können wir nur noch durch regelmäßige Beschickung der Fütterungen – die wir seit Beendigung der Kartoffelernte eingerichtet haben – dafür sorgen, daß die Sauen nicht zum bösen Nachbar auswechseln, und um gutes Wetter bitten.

Am Abend vor der Jagd sprechen wir noch einmal mit unserem Gehilfen und dem Obertreiber alles genau durch, denn wir setzen unseren Ehrgeiz darein, daß alles wie am Schnürchen klappt.

Dann können wir in Ruhe am nächsten Morgen die Schützen erwarten und sie je nach Landesbrauch und Sitte entweder zu Hause zunächst mit einem kleinen Frühstück nach ihrer langen Anfahrt ermuntern oder sie beim Stelldichein im Revier treffen.

Haben wir sie vollzählig um uns versammelt, so halten wir ihnen zunächst eine kleine Ansprache, in der wir ihnen ihre Verteilung auf die Wagen oder Zuteilung an den Anstellenden bekanntgeben, sie auf größte Vorsicht mit der Schußwaffe hinweisen und dann sagen, was geschossen werden darf.

Vor allem werden wir den Wunsch aussprechen, daß führende Bachen geschont werden sollen. Da die meisten Stände im raumen Holz weitab von der Dickung liegen, so können wir damit rechnen, daß die Schützen die Sauen schon von weitem kommen sehen und nicht übereilt auf den ersten dicken Kasten halten. Wenn den Schützen, die im Engen stehen, aber einmal ein Irrtum unterläuft, oder eine von der Rotte abgesprengte Bache zur Strecke kommt, so werden wir dem Schützen dies nicht besonders übelnehmen, denn wir wissen selbst, wie schwer in der Eile das Ansprechen ist. Deswegen ist es auch verkehrt, wenn wir vielleicht auch Überläuferbachen verbieten wollten, denn es ist ausgeschlossen, in der Flucht nach der Figur die Geschlechter zu unterscheiden. Wir würden nur erreichen, daß der gewissenhafte Schütze, um einer

Rüge zu entgehen, womöglich die Gelegenheit zum Schuß ungenutzt vorübergehen läßt. Also keine zu großen und undurchführbaren Beschränkungen.

Soll Rotwild geschossen werden, so hat man es bei unserer Art zu treiben in der Hand, auf die Rotwildwechsel solche Leute zu stellen, die imstande sind, das richtige Stück herauszusuchen. Hat man überhaupt einen größeren Rotwildbestand, bei dem man den ganzen Abschuß doch nicht auf Pürsch und Ansitz bewältigen kann, so ist es am einfachsten hierbei, wo zwangsläufig das Rotwild doch beunruhigt wird, die günstige Gelegenheit auszunutzen. Man hat es ja jederzeit in der Hand, im nächsten Treiben die Schußerlaubnis rückgängig zu machen, wenn genug geschossen worden ist. Noch besser ist es allerdings, wenn bei Saujagden überhaupt kein Rotwild freigegeben zu werden braucht und der Abschuß auf Pürsch und Anstand durchgeführt werden kann.

Es gibt Leute, die auf Wildjagden auch Hasen freigeben, wohl in dem Gefühl, ihren Gästen wenigstens ein bißchen Abwechslung zu verschaffen, wenn sie keinen anderen Anlauf haben. Bei Drillingsmännern mag es noch angehen. Ein Hase mit 9,3 geschossen hat aber keinen praktischen Wert mehr, meist wird er aber vorbeigeschossen. So entsteht leicht eine blödsinnige Knallerei ohne Ergebnis. Die Treiber, die vielleicht gerade an Sauen gekommen waren, glauben, diese seien 'raus und kommen zu falschen Schlüssen. Ich halte deshalb das Hasenschießen bei solcher Gelegenheit für nicht zunftmäßig und verfehlt.

Da fragt einer der Schützen: „Wie ist es denn mit Fuchs?“ Ein mit 9,3 oder der Hochgeschwindigkeitsbüchse geschossener Fuchs ist meist kein schöner Anblick und für den Beamten, dem er zusteht, und der ihn streifen soll, keine reine Freude. Andererseits entbehrt der Kugelschuß auf den flüchtigen Fuchs nicht eines großen Reizes, er macht sich auch sehr nett auf der Strecke hinter den Sauen, und so werden die meisten Jagdherrn ihren Gästen diesen Spaß nicht nehmen wollen.

Dagegen hört man oft den Satz: „Bitte auch Fuchs zu schießen, aber nicht den ersten Schuß im Treiben.“ Der Grund ist wohl der, daß man annimmt, daß der Schuß auf den sehr rege und früh kommenden Fuchs die Sauen zum Abdrehen und Zurückbrechen bewegen könnte. Nach meinen Erfahrungen ist das nicht der Fall. Vor Jahren ließ ich mir mal mit meinem Bekannten eine kleine Dickung durchdrücken, wir standen auf den beiden Hauptwechseln einige hundert Meter ab. Nachdem das Treiben gerade angegangen sein konnte, kam bei mir ein Fuchs, den ich schoß. Ich hängte die Büchse über die Schulter, steckte mir eine Zigarette an und dachte: „So, wenn nun noch ein Keiler drin ist, so wird er ja auf den Knall abgedreht sein und bei meinem Freund kommen." Ich hatte das Streichholz noch in der Hand, als der Keiler auch schon auf 10 Schritt neben mir stand, so daß ich gerade noch die Büchse herunterbekam und ihm im Abgehen die Kugel aufs Blatt setzen konnte. Seitdem nehme ich den Befehl, den ersten Schuß nicht auf Fuchs abzugeben, nicht mehr so tragisch, wenn ich nicht mitten im Treiben in der Nähe der Kessel stehe. Ich nehme den Fuchs auch ruhig zu Anfang mit. Knallt es mehrmals, so fragt in der Regel niemand, worauf der erste Schuß fiel. Dumm ist es nur, wenn es der einzige Schuß bleibt. Aber dann muß man eben kühn behaupten, man hätte vorher schon einen Schuß gehört. Aber nicht weitersagen!

Nach Ankündigung, was geschossen werden soll, beginnt dann die Fahrt ins Revier oder gleich vom Treffpunkt das Anstellen zum ersten Treiben. Außer alten Bekannten, die ihre angestammten Plätze von selbst finden, wird jeder Schütze auf seinen Stand gebracht. Hier wird ihm genau erklärt, woher das Treiben kommt, wann und wo er etwa Treiber gefährden könnte, wo die Wechsel voraussichtlich gehen und wo die Nebenschützen stehen. Zuletzt wird er ermahnt, sich die Anschüsse genau zu merken, und schließlich gesagt, wohin die Folge ist. Im allgemeinen ist es aber zweckmäßig, daß der Anstellende die Schützen auch wieder von ihren Ständen abholt. Zappelige Schützen hören nämlich oft das Abblasen, bevor es tatsächlich erfolgt, schon aus Angst es zu überhören und stehengelassen zu werden. So bringen sie leicht Verwirrung in die Sache und sich selbst in Gefahr, wenn sie ihren Platz verlassen.

Gegen das Gebot, die Anschüsse genau festzustellen, wird sehr oft gesündigt. Zum großen Teil ist es die Schuld der Jagdleitung, die hierbei zu sehr hetzt, weil sie fürchtet, aus Zeitmangel ihr vorgenommenes Programm nicht durchführen zu können. Das ist der größte Fehler, den es gibt, denn eine ordnungsmäßige Nachsuche wird dadurch fast unmöglich gemacht. Zum Feststellen der Anschüsse muß immer Zeit sein. Diese werden dann verbrochen, damit am nächsten Tag die Nachsuche sogleich beginnen kann. Brüche sind das normale Mittel, die Anschüsse festzulegen. Sie lassen sich aber dort, wo viel Zweige herumliegen, manchmal schlecht wiederfinden. Und wie ist es, wenn über Nacht eine Neue fällt und sie überschneit werden? Da habe ich eine sehr zweckmäßige Einrichtung kennengelernt, die ich seitdem auf meinen Jagden verwandte, das sind die sogenannten Anschußpfähle. Es sind dies ganz leichte, etwa 40 cm lange Pfählchen, die man aus Abfällen beim Bretterschneiden leicht herstellen kann. Diese werden den Schützen beim Anstellen in die Hand gedrückt oder stehen bereits auf den Ständen bereit. Diese Pfählchen werden auf den Anschuß gesteckt und fallen schon von weitem auf, so daß auch der den Anschuß findet, der bei der Feststellung nicht dabei war. Es muß schon erheblich schneien, wenn sie nicht mehr heraussehen sollten.

Die ganze Mühe lohnt sich aber nur bei Jagden, wo man mit einer großen Strecke rechnen kann. Unter normalen Verhältnissen wird man mit den üblichen Brüchen auskommen, die das jagdliche Brauchtum vorschreibt.

Aber auch wenn der Schütze nicht zu Schuß gekommen sein sollte, wird der Jagdleiter oder sein Gehilfe fragen, ob der Betreffende etwas gesehen hat. Er bekommt dadurch einen Eindruck von der Güte des Standes und u. U. Anregung, ob dieser sich nicht vielleicht durch eine kleine Verlegung nach der Seite, durch Wegnehmen störender Äste oder Büsche noch verbessern ließe. Doch sehe man sich die Leute an, die einem Bericht erstatten. Es gibt bekanntlich 100%ige, 50%ige und die entsprechenden Zwischenstufen. Besonders wenn jemand sich nicht mit Ruhm bedeckt hat, ist er leicht geneigt, die Schuld dem Stand zuzumessen. Vor allem die Entfernungen werden in solchem Falle erheblich überschätzt. Da ist es dann Sache des Jagdleiters, auf Grund seiner Menschenkenntnis Dichtung und Wahrheit zu sieben und die für ihn wichtigen Tatsachen herauszupflücken.

Der Klang des *Jagdhorns* gehört zur Saujagd, und ich möchte ihn nicht missen. Vor allem ist er dem ekligen und prosaischen Hupen vorzuziehen, das auf einer anständigen Jagd geradezu stilwidrig ist. Trotzdem hat das Blasen bei den Wildjagden seine Schattenseiten. Ich habe öfter erlebt, daß die Sauen allein durch das Anblasen schon rege wurden, besonders später im Jahre, als sie schon ihre Erfahrungen hatten. Mit Rotwild ist es noch schlimmer. Doch da die Stände dann ja schon besetzt sind, würde dies kein Fehler sein. Aber aus benachbarten Treiben könnte das Wild schon auswechseln. Ferner ist bei Wind und Schneebehang das Blasen oft nicht weit zu hören. Wenn die Treiber darauf angewiesen sind, so kann leicht eine Verzögerung eintreten. Daher ist das Angehen nach einer verabredeten Zeit vorzuziehen. Das Abblasen dagegen schadet in den wenigsten Fällen. Es ruft die Wagen heran, die Schützen haben Zeit, sich vor dem Abholen die Anschüsse zu suchen und zu ihrem gestreckten Stück heranzutreten, so daß es nachher kaum einen zu großen Aufenthalt gibt. Doch soll man sich in Zweifelsfällen nicht darauf verlassen, daß das Abblasen gehört wird, und sich so einrichten, daß das Ende des Treibens auch ohne dies rechtzeitig bemerkt wird. Deshalb muß eben, wie oben betont, der Jagdleiter dort stehen, wo das Treiben aller Wahrscheinlichkeit nach endet.

Hat man erst einmal eine halbe Stunde auf seinem Stand verbracht, während das Treiben schon lange zu Ende war, so wird man das nächstemal seine Lehre daraus ziehen.

Nach den einzelnen Treiben muß das erlegte Wild sofort versorgt werden. Man zieht es an Wege und Gestelle, wo es der Wildwagen leicht findet. Auf den Wildwagen gehört außer dem Kutscher ein Mann, der des Aufbrechens kundig ist, denn nach Möglichkeit ist dafür zu sorgen, daß die Sauen so schnell wie möglich, am besten an Ort und Stelle, aufgebrochen werden. Wenn die Witterung es erlaubt, so soll man die Aufbrüche sogleich oberflächlich vergraben, sonst wenigstens mit Moos und Strauch bedecken, denn es ist kein schöner Anblick, wenn sie im Revier herumliegen.

Damit nicht alle Nachsuchen für den nächsten Tag bleiben, die durch Witterungsumschlag über Nacht, sich kreuzende Wundfährten usw., sehr erschwert werden könnten, so ist es angebracht,

Keiler und Bache in der Rauschzeit (Winterhaar)

schon am Jagdtage selbst einen *Nachsuchtrupp* einzuteilen, der schon gleich nach dem ersten Treiben seine Arbeit beginnt. Er muß möglichst aus 2 Mann bestehen, z. B. einem Beamten und einem Waldarbeiter, dazu einem guten Hund. So werden einige Stücke mit guten Schüssen vielleicht gleich gefunden werden, ein fraglicher Anschuß stellt sich als Fehlschuß heraus, ein Stück als einwandfrei gekrellt, und eine wenig schweißende, augenscheinlich weidwundgeschossene Sau wird bis zur nächsten Dickung verfolgt und der Einwechsel verbrochen. So hat man für den nächsten Tag schon viel Zeit und Arbeit gespart. Nach Beendigung der Nachsuchen findet sich der Nachsuchtrupp wieder beim Treiben ein, vielleicht unter Benutzung des Wildwagens, und stellt sich dem Jagdleiter zu weiteren Arbeiten zur Verfügung. Ich kann diese Einrichtung nur wärmstens empfehlen, sie hat sich überall als praktisch bewährt.

Zwar nicht so oft wie beim engen Umstellen, aber doch hin und wieder wird es vorkommen, daß mehrere Schützen ein Stück beschossen und getroffen haben. Können sie sich nicht selbst einigen, so wird der Jagdherr zur Entscheidung angerufen, wem das Stück zuzusprechen ist. Im allgemeinen ist es üblich, daß die erste Kugel gilt und bei gleichzeitigen Schüssen die bessere. Doch gibt es hier auch Zweifels- und Grenzfälle. Reine Wildpretschüsse, Streif- und Krellschüsse berechtigen m. E. nicht, das Stück für sich in Anspruch zu nehmen. Daher darf man wohl die Regel dahin einschränken, daß der erste Schuß nur gilt, wenn das Stück damit auf der Nachsuche zur Strecke gekommen wäre. Aber auch hierüber läßt sich streiten. Ist eine Sau mit Laufschuß und Gebrechschuß zu bekommen? Das hängt wieder von der Verletzung, den Verhältnissen bei der Nachsuche und der Güte der Hunde ab. So wird der Jagdherr auch hier von Fall zu Fall zu entscheiden haben und wird es nach bestem Wissen und mit Takt tun. Es allen recht zu machen, ist bekanntlich eine Kunst, die niemand kann. Bei einem Frischling oder Überläufer kommt es ja schließlich auch nicht so sehr darauf an, aber auch bei weniger jagdgnietschigen Leuten wird die Sache schon bedenklicher, wenn es sich um ein wirkliches Hauptschwein mit klobigen Waffen handelt. Das beste Mittel gegen solch unangenehme Lagen ist –

ordentlich draufhalten und von seiten der Jagdleitung nicht zu enges Anstellen. So bewährt sich auch hier der Vorzug der größeren Treiben.

Nachdem wir so die mühevolle Arbeit des armen geplagten Jagdleiters bei der Vorbereitung und Durchführung der Jagd verfolgt haben, sind wir überzeugt, daß alle diese Mühe sich dadurch bezahlt machen wird, daß am Abend eine gute Strecke verblasen werden kann, und wir werden es ihm nachfühlen, daß seine Brust von Stolz geschwellt ist, wenn das Sautot und Halali ertönt. Hat er während der Jagd die Schüsse zählen lassen und stellt er dann beim Vergleich der Strecke fest, daß auf jedes Stück 2 oder 3 Kugeln kommen, so kann er zufrieden sein. Sind es erheblich mehr, so soll er sich das nächstemal nach besseren Schützen umsehen, oder er überlege, ob es nicht vielleicht an ihm liegt und Anlage der Treiben und Auswahl der Stände nicht noch verbesserungsfähig sind.

Ausrüstung der Schützen

Während das Gemüt des verantwortlichen Jagdleiters mit Sorge erfüllt ist, ist das des Gastes voll eitel Freude. Schon die Vorfreude kostet er nach Erhalt der Einladung gebührend aus und sucht sich dann mit Genuß sein Zauberzeug und seine Ausrüstung zusammen. Führt er zu den Winterjagden eine andere Büchse als zur Pürsch im Sommer und Herbst, so schießt er diese zweckmäßig noch einmal an und macht sich überhaupt durch Anschlagsübungen, wenn möglich durch Üben auf die laufende Wildscheibe, mit seiner Waffe wieder vertraut.

Dann prüft er seine übrige Ausrüstung. Bei Schnee und Nässe bekommt man besonders bei längeren Treiben meist nasse und kalte Füße. Dies führt nicht nur zu Erkältungen, die mit viel Grog erst wieder vertrieben werden müssen, sondern machen es dem Schützen auch schwer, längere Zeit ruhig auf seinem Stand zu stehen. Daher ist warmes, vor allem wasserdichtes Schuhzeug von großer Wichtigkeit. Stiefel mit Gummisohlen sind daher sehr zweckmäßig, weil man in ihnen immer einen warmen Fuß hat und auch die Nässe nicht von unten eindringen kann. Wenn man aber weiß, daß man auf der Jagd viel wird laufen müssen, so wähle man lieber etwas leichtere Schuhe, da den, der es nicht gewöhnt ist, schwere Stiefel an den Beinen zu sehr ermüden, und der müde Jäger schlechter zu schießen pflegt als der frische. Gummistiefel bürgern sich auch auf der Jagd immer mehr ein, weil sie praktisch und wasserdicht sind. Es gibt jetzt auch schon so leichte Modelle, daß man in ihnen nicht zu sehr ermüdet, wenn man viel laufen muß. Sie haben nur den Fehler, daß sie nicht luftdurchlässig sind und man bei mildem Wetter schwitzt, bei Frost dagegen schnell kalte Füße bekommt, besonders wenn man lange auf einem Stand stehen muß. So sind sie bei nassem Boden und tauendem Schneematsch fast ideal, bei strenger Kälte und langem Treiben sind dagegen derbe Lederschuhe vorzuziehen.

Es gibt ein Sprichwort, das heißt: „Wer friert, ist dumm." Das paßt auch auf unseren Fall. Ein vor Frost klappernder Jäger wird selten gut schießen. Wer sich aber aus Angst vor dem Frieren auf der Jagd zu dick anzieht, ist noch dümmer, denn dann kann er erst recht nicht schießen. In dem dicken Zeug kann man nicht schnell genug die Büchse hoch bekommen, der Anschlag wird ein ganz anderer, so daß einem die Büchse nicht so liegt und man den Schuß nicht so flink hinwerfen kann, wie es nötig ist. Besonders sind dicke Mäntel und Pelze ungeeignet, auch Pelzkragen stören fast immer den gewohnten Anschlag.

Daher ist es zweckmäßiger, statt eines dicken warmen Mantels mehrere dünnere Umhüllungen zu wählen. Das „Zwiebelprinzip" hörte ich es einmal ganz treffend nennen. Diese dünneren Hüllen in Form von Strickjacken, weichen Lederwesten und ähnlichem verschieben sich bei Bewegungen gegeneinander, tragen nicht so auf und gewährleisten so den gewohnten ungehinderten Anschlag. Die Ärmel von Lederwesten müssen aus Seidenstoff oder gestrickt sein, da sie sonst zu steif sind und zu sehr auftragen. Denn auf die Bewegungsfreiheit der Arme kommt es hauptsächlich an. Sehr praktisch sind mit Daunen gefütterte Nylonwesten nach Art der Steppdecken. Sie sind mollig warm und tragen gar nicht auf.

Über dieses Unterzeug zieht man seinen gewohnten Jagdmantel und man wird für alle Fälle, auch für schnell hingeworfene Schüsse, bereit sein. Jedenfalls ist es vorzuziehen, lieber ein bißchen zu frieren, als durch unpraktisch dickes Anziehen sich die Schußleistung zu verderben.

Wird die Kälte aber gar zu grimmig, so kann man doch noch den Pelz nehmen, wenn man sich folgendermaßen hilft. Man schlüpft nur in den linken Ärmel, läßt den rechten frei und knöpft so den Pelz bis zur Brusthöhe zu. Dann hat man mit der freien rechten Schulter trotzdem den gewohnten Anschlag. Eine andere Art, die ich bei großer Kälte auf windigen Ständen mit Erfolg angewendet habe, ist, sich den Fahrpelz über die Schulter zu hängen, aber offen zu lassen. Beim in Anschlaggehen fällt er dann von selbst herunter. Es ist dies aber nur möglich in vorbereiteten Schirmen, da das Wild sonst den herunterrutschenden Mantel äugen würde, und dort, wo man die Sauen von weitem kommen sieht. Im Engen ist dieser Trick nicht zu gebrauchen.

Ein Schmerzenskind sind meist die kalten Finger. Neben dem zu dicken Anzug sind sie der Hauptgrund für schlechtes Schießen. Besonders werden hierdurch die Jäger betroffen, die gestochen schießen. Mit den gefühllosen Fingern ist es oft unmöglich, in der Eile den richtigen Augenblick abzupassen, und mit Handschuhen fehlt vielen Leuten dann überhaupt das Gefühl. Schon aus diesem Grunde sollte sich der junge Jäger daran gewöhnen, ohne Stecher auszukommen. Ein guter, warmer Muff und nicht zu dicke Strickhandschuhe sind eine gute Hilfe. Lederhandschuhe sind zu kalt, sind sie gefüttert, so werden sie wieder zu steif.

Über die übrige Ausrüstung ist nicht viel zu sagen. Eine warme Mütze ist bei Kälte praktischer als ein Hut, besonders wenn man bei Nachsuchen in die Verlegenheit kommt, durch Dickungen kriechen zu müssen. Doch ist dies schließlich Geschmackssache. Ohrenschützer soll man nicht ohne Not gebrauchen, da sie das Hören erschweren und das Ohr gerade in unübersichtlichem Gelände oft einen Anhalt für heranwechselndes Wild gibt.

Bei Schnee liegt es an sich nahe, das weiße Zeug zu verwenden. Doch erstens äugen die Sauen den stillstehenden Jäger fast nie, und dann muß man sich darüber klar sein, daß man auch seinen Standnachbarn gegenüber unsichtbar wird und daher leicht selbst gefährdet werden kann. So soll man das weiße Zeug nur gebrauchen, wenn man sich allein etwas durchdrücken läßt.

Vielfach sieht man auf Saujagden das *Fernglas.* Ich habe nie recht verstanden, wozu. Kein Mensch wird sich die flüchtig anwechselnde Sau erst durchs Glas ansehen, und auch bei Kahlwild wird man auf Schußentfernung das geeignete Stück mit bloßen Augen ansprechen können. Allenfalls kann es von Nutzen sein, um in unübersichtlichem Gelände den Stand des Nachbarn festzustellen, wenn man weit auseinander steht. Im allgemeinen aber hängt es unnütz vor dem Bauch herum, drückt auf die Dauer im Genick, und man stößt sicher im ungeeigneten Augenblick mit der Büchse daran. So läßt man es am besten zu Hause.

Dasselbe werden viele von *Hirschfänger*, Waidblatt oder Standhauer denken. Man trägt ihn auch meistens nur zum Zierat herum und mißbraucht ihn am falschen Ort zum Ästeabhauen. Trotzdem kommt mir jeder Jäger unvollkommen vor, der ihn nicht trägt. Er gehört nun einmal zur Ausrüstung des Hochwildjägers, auch auf der Wildjagd. Hat man gelernt, damit umzugehen, so wird man sich manchen unnötigen Fangschuß, der mit dem groben Geschoß das Wildpret entwertet, sparen können. Er muß aber in Ordnung gehalten werden und scharf sein.

Wer das *Horn* zu blasen versteht, soll es ruhig mitführen. Zum Weitergeben der Signale kann es bei großen Treiben sehr nützlich sein, wenn einige Schützen ihr Horn zur Hand haben. Auch wenn man durch irgendwelche Zufälle von der Jagd abkommt, ist man nicht ganz so hilflos. Auf dem Stand lege man es aber lieber neben sich, denn es gibt ein unangenehmes Geräusch, wenn man mit Büchse oder Hirschfänger dagegenstößt. Man darf es dann nur nicht auf dem Stand vergessen.

Dies passiert mit Vorliebe auch einem anderen Gehilfen des Jägers, dem *Jagdstuhl.* Das ist aber auch der einzige Nachteil, den man ihm nachsagen kann. Besonders bei längeren Treiben ermüdet es lange nicht so, wenn man sich setzen kann. Da aber die meisten Menschen im Sitzen schlecht flüchtig schießen, so stehen sie vor dem Schuß auf. Dies muß natürlich vorsichtig und möglichst frühzeitig geschehen, damit das Wild diese plötzliche Bewegung nicht äugt. Auch muß man aufpassen, daß man den Stuhl nicht im entscheidenden Augenblick umwirft. Je nach persönlichem Geschmack bevorzugt fast jeder Jäger ein anderes Modell. Ich habe solche vom Malerstühlchen bis zum Melkschemel erlebt. Die beliebten zusammenlegbaren Dreibeine haben den Nachteil, daß sie sich schlecht tragen lassen. Entweder muß man sie unter den Arm nehmen, das ist unbequem, oder man hängt sie an den Gürtel, dann schlagen sie einem gegen die Beine. Eine praktische Art, den Stuhl zu tragen, ist folgende: Am oberen Ende eines Beines wird ein Riemen angenagelt, der in einer Schlaufe endet, die über die 3 zusammenlegbaren Beine paßt. Stülpt man diese über, so kann man das Stühlchen wie eine Flinte über der Schulter tragen.

Verhalten auf dem Stand

Nachdem wir nun unsere Ausrüstung beisammen haben, können wir in Ruhe dem Jagdtag entgegensehen. Nach Möglichkeit werden wir es vermeiden, am Vorabend unnötig viel Alkohol zu uns zu nehmen, damit wir ein klares Auge und eine sichere Hand haben. Am Jagdtage bemühen wir uns vor allem, rechtzeitig beim Treffpunkt zu sein. Es ist unangenehm, wenn die ganze Jagdgesellschaft auf einen einzelnen Spätling warten muß. Die Laune des Jagdherrn wird von Anfang an nicht dadurch verbessert, und wir werden zum Lohn nicht gerade die besten Stände bekommen. Bei der Ansprache des Jagdleiters hören wir recht genau hin, damit wir über die Art, was und wie getrieben werden soll, im Bilde sind und uns danach richten können. Ist uns irgend etwas zweifelhaft, so fragen wir getrost, denn wir kommen uns nacher nur dumm vor, wenn wir z. B. den Fuchs durchlassen und hinterher erfahren, daß wir ruhig hätten schießen können.

Wir werden nun mit fünf anderen Jägern einem Führer zugeteilt, dem wir zum Anstellen folgen. Nachdem er bereits zwei Schützen angestellt hat, zeigt er uns unseren Stand. Er liegt im Altholz 150 Schritt von der Dickung ab. „Bitte hier“, sagt der Führer. „Das Treiben kommt von rechts nach links an Ihnen vorbei und wieder zurück. Beginn in 10 Minuten. Dauer etwa 1¼ Stunden. Es wird abgeblasen, dann können Sie auf die etwaigen Anschüsse gehen. Ich hole Sie wieder ab. Ihr rechter Nachbar steht hinter der Höhe, ihm können Sie nichts tun, der linke Nachbar steht etwa 100 m weiter in der Richtung des angeschalmten Stammes. Waidmannsheil!" Wir fragen noch, ob wir nach vorn schießen dürfen, und erfahren, daß wir dies unbesorgt können, solange wir die Treiber nicht vor uns hören. – Dann sind wir auf unserem Stand allein.

Nun laden wir als erstes unsere Büchse und stellen sie gesichert vor uns an den Stamm. Dann reinigen wir den Stand von dürren Ästen und Moos, so daß wir uns geräuschlos auf ihm bewegen können, und klappen unser Stühlchen auf. So, nun haben wir Zeit, uns die Gegend in Ruhe zu besehen und unsere Chancen zu berechnen. Hierzu stecken wir uns erst einmal eine Zigarre ins Gesicht, sofern wir nicht zu der bedauernswerten Klasse der Nichtraucher gehören. Der Wind streicht von links nach rechts. Das Treiben wird also gegen den Wind genommen, und wir können vielleicht schon frühzeitig mit Anlauf rechnen. Aber auch später haben wir Aussichten, wenn die Sauen von den Schützen in der Front Wind bekommen, oder seitwärts ausbrechen, wenn die Treiber vorbei sind. Rechts haben wir Freizügigkeit, weil da kein Nachbar steht. Ein guter Sauwechsel scheint da auf 50 Schritt vorbeizugehen, wie wir schon auf dem Wege zum Stand gespürt haben. Die beste und breiteste Schießluke liegt schräg hinter uns. Wir werden aber nach Möglichkeit versuchen, schon schräg vorwärts auf der etwas schmaleren Stelle den Schuß loszuwerden, da bei dem Wind die Sauen uns sonst wegbekommen und flüchtig werden oder abdrehen könnten. Nach links haben wir etwas mehr Luft, doch müssen wir uns rechts und links von dem angeschalmten Stamm einen Abschnitt merken, auf dem wir nicht schießen dürfen, um nicht den Nachbarn zu gefährden. Nachdem wir uns die Schießluken, besonders aber den Winkel, auf dem wir nicht schießen dürfen, gut eingeprägt haben, setzen wir uns beruhigt auf unser Stühlchen und warten getrost der Dinge, die da kommen sollen. Nachdem uns ein Blick auf die Uhrzeit gezeigt hat, daß das Treiben bereits begonnen hat, entsichern wir die Büchse, nicht ohne nochmals nachgesehen zu haben, ob sie auch geladen ist, stellen sie dann aber wieder an den Baum. In unserer augenblicklichen Lage ist es nämlich nicht nötig, daß wir sie dauernd kampfbereit in der Hand haben. Wir können ja das Wild von weitem anwechseln sehen und haben Zeit, uns fertig zu machen.

So werden uns die Arme nicht lahm und wir können die Hände getrost in die Mufftaschen stecken.

Da lärmen vor uns in der Dickung die Eichelhäher und wir nehmen zur Sicherheit die Büchse über die Knie. Jetzt sehen wir eine Bewegung, stehen leise auf und lassen die Zigarre fallen. Doch das Herz, das stürmisch anfing zu klopfen, beruhigt sich wieder, es ist nur ein Trupp Hirsche, die sich vorsichtig aus der Dickung schieben und dann im Troll, hin und wieder verhoffend, schräg auf unseren linken Nachbarn zu verschwinden. Gerade wollen wir nach unserer fortgeworfenen Zigarre suchen, da kommt uns eine Bewegung rechts ins Auge, und wir sehen eine starke Sau im Troll

aus der Dickung kommen. Schon denken wir, daß es ein guter Keiler ist, da kommen 6 starke Frischlinge hinterher. Jetzt verhofft die alte Bache 80 Schritt vor uns, die Frischlinge schließen auf und tun dasselbe. Einer steht frei, aber spitz von vorne. Wenn auch angestrichen an unserem Baum das Korn genau auf dem Kopf des

Frischlings sitzt, so lassen wir uns doch nicht verleiten zu schießen, denn spitz von vorn ist der ungünstigste Schuß. Zu leicht faßt man nur das Gebrech oder streift das Stück. So warten wir, bis die Rotte sich wieder in Bewegung setzt und im kurzen Troll über die vorher ausgesuchte Lücke kommt. Den ersten Frischling fassen wir gut vorn an, und im Feuer klappt er zusammen. Die übrige Rotte fährt durcheinander und kommt hochflüchtig über die große Lücke. Im Schuß waren wir gut drauf, doch können wir kein Zeichnen sehen. Der Beschossene braust weiter mit der Rotte mit. Halt, schnell den Anschuß eingeprägt, da auf der Lücke, dicht vor dem runden Wacholder, muß es gewesen sein. Nun schnell einen Blick zu unserem ersten Frosch. Er schlägt noch mit den Läufen und versucht vergeblich hochzukommen. Gekrellt wird er wohl nicht sein, aber trotzdem schnell hin, da wir es in diesem Falle, ohne den Nachbarn zu stören oder durch ihn gefährdet zu sein, tun können. Er hat die Kugel sehr hoch und kann nicht verenden. So ziehen wir den Hirschfänger und fangen ihn hinter dem Blatt ab. Dann schnell zurück zu unserem Stand.

Inzwischen hat es auch auf anderen Ständen geknallt, die Treiber sind vorbeigekommen, bei unserem Nachbarn links haben wir auf einen Schuß das schrille Klagen einer Sau gehört und wissen, daß er auch ein Stück hat. Als die Treiber zurück sind und wir noch öfter durch ihr Rufen und den Laut der Hunde in Aufregung gekommen sind, kommt wieder eine einzelne Sau auf uns zu. Als sie 40 Schritt vor uns verhofft, können wir ihr angestrichen die Kugel auf den Halsansatz setzen. Wie erschlagen bricht sie zusammen.

Dann hören wir von weitem abblasen. Unser Nachbar gibt das Signal weiter. Nun können wir entladen und auf den Anschuß des Frischlings gehen. Wir finden bald die Fährten und nach einigem Suchen auch einen Schweißspritzer und ein Stückchen Leber. Wir verbrechen die Stelle und gehen zu dem letzten Stück. Es hat die Kugel auf dem Hals ohne Ausschuß. Wie wir es gerade lüften, bemerken wir zu unserem Bedauern, daß es außerdem noch einen Weidwundschuß hat, Ein- und Ausschuß mit Weiß verstopft. Gerade kommt der Jagdleiter, um uns abzuholen. Der Versucher flüstert uns zu, den gefundenen Weidwundschuß zu verschweigen, besonders, da es ein dreijähriger Keiler mit schon recht guten Waffen ist. Aber erstens sind wir zu ehrlich veranlagt, und dann denken wir auch daran, daß dadurch eine unnötige Nachsuche veranlaßt würde, die durch ihre Erfolglosigkeit sowohl dem Schützen als auch dem Jagdherrn Gewissensbisse verursachen würde in der Annahme, daß das Stück elend verludern müßte. So sagen wir denn offen an, daß das Stück schon einen Schuß hat. Dann zeigen wir den Anschuß des Frischlings, und der Jagdherr bestimmt, daß dieses Stück gleich vom Nachsuchtrupp bis zur nächsten Dickung nachgesucht wird.

Nicht immer wird man so bequeme Stände haben, wie den eben beschriebenen. Oft wird man ins Enge gestellt werden und kann dies sogar meistens als Auszeichnung buchen. Solche Stände sind aber weit schwieriger zu verteidigen und erfordern nicht nur einen höheren Grad von Gewandtheit und Schießfertigkeit, sondern auch viel mehr Aufmerksamkeit und Anspannung. Dafür wird es einem hier auch nicht so übelgenommen, wenn mal eine Kugel vorbeigeht. Auf solchen Ständen muß man die Büchse stets feuerbereit in der Hand haben, ja man darf sich kaum setzen. Hat man einen Krähenfuß vor sich, so geht die Sache noch einigermaßen. Sonst stecke man sich als erstes eine Zigarre an und prüfe den Wind. Schlägt er nach einer Seite in die Dickung, so braucht man dorthin erst gar nicht aufzupassen und kann sich nur nach der anderen Seite konzentrieren. Auch spüre man, wenn irgend Zeit ist, ab, wo die Hauptwechsel gehen, damit man weiß, wo man die Sauen erwarten kann. Sehr angenehm ist es, wenn man allein auf solcher Schneise steht. Dann hat man Freizügigkeit und kann seinen Stand nach Wind und Wechsel verlegen. Ja sogar noch während des Treibens kann man seinen Stand verändern. Denn wo die ersten Sauen gekommen sind, kommen meistens noch andere nach. Daher gehe man ruhig an solche Wechsel heran, wenn die ersten Sauen dort außer Schußweite gekommen sind. Je näher, desto besser, am liebsten auf zwanzig Schritt. Außer bei starkem Wind, der das ungünstigste Wetter für solche Stände ist, hört man die Sauen aber sehr oft kommen, so daß man sich fertig machen kann. Auch sind sie, wenn vernünftig getrieben wird, lange nicht immer hochflüchtig, sondern stehlen sich bis zum Rande heran, oder ziehen gar ganz vertraut über die Schneisen oder verhoffen auf ihnen. Auch auf den Krähenfüßen kann man u. U. auf einen Schuß auf eine „Stehsau" rechnen. Nur muß man dauernd in Spannung sein, seine Augen überall haben und flink schießen, wenn man auf solchen Posten etwas erben will. Wenn ich irgend Zeit zum Überlegen habe, fasse ich die Sauen, entgegen der sonstigen Regel, hier gern etwas hoch an, damit sie im Feuer bleiben. In dichten Dickungen ist die Nachsuche meist sehr erschwert, und Stücke können da verlorengehen, die man im hohen Holz nach 100 Schritt zusammenbrechen sieht. Deshalb ist es sicherer und besser, man hat sie im Feuer, wenn auch der Jagdherr über die Rückenschüsse schimpft.

Man muß sich darüber klar sein, daß man auf Schneisen, wenn sie nicht gerade sehr breit sind, nicht weit schießen kann. 40 bis 50 Schritt sind im allgemeinen das äußerste. Deswegen stellt man sich auch zweckmäßig nicht zwischen zwei Wechsel, die z. B. 60 bis 70 Schritt beiderseits liegen. Dann wird man sicher im geeigneten Augenblick nach der falschen Seite sehen und überhaupt nur auf die letzten Stücke einer größeren Rotte fertig, während einzelne Sauen meist schon in der jenseitigen Dickung

verschwunden sind, ehe man die Büchse am Kopf hat. Deshalb beschränke man sich lieber auf einen Wechsel und gehe möglichst nahe heran.

Dies alles gilt aber nur für Posten, wo man einsam auf weiter Flur steht und keine Nachbarn hat, auf die man Rücksicht nehmen muß, und auch nur für Jäger, die mit den Gewohnheiten der Sauen schon etwas vertraut sind. Der junge Jäger bleibt am besten auf dem ihm angewiesenen Platz, da er meist mit Recht annehmen muß, daß der Jagdleiter mehr von der Sache versteht als er selber. Deshalb soll er auch nicht zu Anfang des Treibens mit Getöse seinen Stand verbessern und Äste abbrechen. Er verdirbt sich leicht seine Aussichten, wenn die Sauen vielleicht in der Nähe stecken. Auch der Nachbar wird nicht sehr erfreut sein, denn u. U. wird auch sein Stand mit verdorben.

Hat man Nachbarn, so muß man auf Gestellen natürlich besonders vorsichtig sein und die Sauen entsprechend herüberlassen. Auf Sauen, die von rückwärts kommen, was bei Ständen mitten im Treiben nicht selten vorkommt, kann man dann überhaupt nicht schießen.

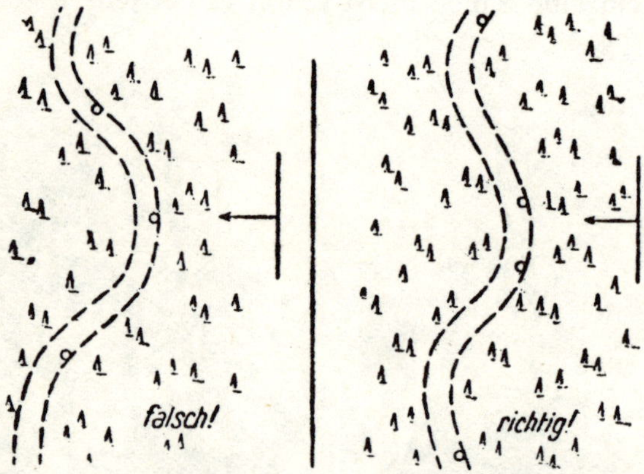

Anstellen auf krummen Schneisen

Es ist erstaunlich, mit welchem Leichtsinn man manchmal auf engen und krummen Schneisen angestellt wird. Es ist dann oft überhaupt nicht möglich, einen Schuß abzugeben, ohne seine

Nachbarn zu gefährden (s. Skizze). In solchen Fällen setze ich mich allerdings über die Anordnungen des Jagdleiters hinweg und suche mir in Verbindung mit meinen Nachbarn solche Stände, wo man sich nicht gefährdet. Unter Umständen kann es sogar am besten sein, wenn man sich Rücken an Rücken stellt, dann kann überhaupt nichts passieren.

Hat man einmal eine Sau verpaßt, die in Schußweite unvermutet über die Schneise fiel, so fluche man nicht zu sehr und zerschlage womöglich vor Wut die Büchse am nächsten Baum. Gewiß kann es ein einzelner Keiler gewesen sein, dann ist die Gelegenheit verpaßt. Trotzdem geht man sicherheitshalber in Anschlag und wartet. Denn auch Rotten wenden oft den Trick an, daß sie zunächst einen ganz tapferen Kameraden vorschicken, um zu sehen, ob die Luft rein ist. Die anderen warten vorsichtig am Rand, ob es knallt. Tut es dies nicht, so fallen sie einzeln in Abständen bis zu einer Minute über den Weg. Steht man dann fertig mit der Büchse am Kopf, so wird man sich auch bei ganz engen Schneisen ein Stück holen können. Überhaupt kann man sagen, daß die Sauen breitere Schneisen mehr scheuen und sie eilig hinter sich zu bringen suchen, während sie ganz enge Stellen oft nicht für so gefährlich halten und daher dort ganz gemütlich kommen.

Auf jeden Fall sind solche Posten auf engen Schneisen sehr vielseitig und aufregend. Nur wenn die Dickung zu nahe umstellt ist, zu laut und womöglich noch mit flüchtigen Hunden getrieben wird und die Schützen zu eng stehen, so daß jedes Stück von zwei Seiten beschossen wird, sind mir solche Stände unangenehm, und meistens kommt auch nur eine große Schweinerei heraus.

4 Waffen und Schuß

Kaliberfragen

Unsere Vorväter schossen die Sauen mit Vorliebe aus dem glatten Lauf mit Posten. Bei der mangelnden Übung und dem geringen Vertrauen zum flüchtigen Kugelschuß, auch wohl der Unzulänglichkeit der damaligen Büchsengeschosse wegen, war dieses in gewissem Grade gerechtfertigt, zumal man nicht weiter als 30 bis 40 Schritt schoß. Es entzieht sich unserer Kenntnis, ob auf diese Weise viel Wild zu Holze geschossen wurde.

Noch in meiner Jugend vor dem ersten Weltkrieg schworen die alten Förster z. T. auf die Vorzüge des Postenschusses und übten ihn heimlich und gelegentlich, wenn er auch offiziell schon verpönt war. So entsinne ich mich, daß auf meiner ersten heimatlichen Hasenjagd ein guter Keiler mit Posten angeschweißt wurde. Es lag Schnee, und nach einer Stunde wurde die sehr wenig schweißende Fährte aufgenommen. Der Keiler saß etwa 1000 Meter weiter mit ein paar Posten auf der Leber im hohen Holz und bekam den Fangschuß. Das einzige Mal, daß ich mit Posten auf eine Sau schoß, bekam mir beinahe schlecht. Ich hatte meinen ersten Keiler krankgeschossen und führte auf der Nachsuche die Büchsflinte. Auf Rat des alten Försters hatte ich im Schrotlauf Posten geladen. Als der Hund den Keiler an meinem Stand vorbeibrachte, schoß ich die Kugel vorbei und setzte ihm dann spitz von vorn die Posten auf den Kopf. Der Erfolg war, daß er mich annahm, und nur der scharfe Hund, der den Keiler beschäftigte, gab mir Zeit, nachdem ich zunächst die Flut ergriffen hatte, eine neue Kugel zu laden und dem Keiler den Fangschuß zu geben.

Inzwischen sind die waidmännischen Anschauungen anders und besser geworden, infolge der genau und rasant schießenden neuzeitlichen Büchsen ist die Freude am sauberen Kugelschuß gestiegen. Mit Recht gilt nur noch dieser auf das edle Schwarzwild für waidgerecht und ist daher auch nur noch gesetzlich zugelassen.

Ohne Zweifel ist das Schwarzwild unser härtestes deutsches Wild. Bei Schüssen, die selbst den Rothirsch bald zur Strecke bringen, geht es noch erheblich weit. Ist die Wirbelsäule verletzt, bricht es auch, wie jedes andere Wild im Feuer zusammen. Auch bei Schüssen durch Lunge und Herz kommt es nicht weit. Aber kein Wild wird im allgemeinen bei so schlechten Lichtverhältnissen beschossen, keines soviel flüchtig, und daher hat man auch auf keine andere Wildart im Verhältnis soviel schlechte Schüsse wie gerade auf Sauen.

Nun wird jeder Jäger, der als Revierinhaber oder Jagdgast regelmäßig oder öfter in Hochwildrevieren waidwerkt, schon für das Rotwild eine Waffe mit einer ausgesprochenen Hochwildpatrone führen, wie es die 7×64 und 7×65 R sind.

Auf der Drückjagd beim flüchtigen Schuß dagegen geht nichts über ein schweres Geschoß, weil es ein größeres Loch stanzt, das zuverlässig Schweiß gibt, und weil das schwere Geschoß durch Zweige und Stauden nicht so leicht aus der Bahn gelenkt wird. Einige davon sind: die 8×68 S mit 12,10 bis 14,5 g Geschoßgewicht; die 9,3×62 mit 16,7 bis 19 g Geschoßgewicht; die 9,3×64 und 9,3×74 mit 17 bis 19 g Geschoßgewicht.

Die Hauptsache ist, daß das Geschoß Masse hat und möglichst Ausschuß gibt.

Solch grobes Geschoß ist besonders wichtig für Jäger, die Saujagden in Ungarn und Rumänien mitmachen. Man hört oft genug, daß hier zuverlässige und erfahrene Schützen Stücke verlieren, auf die sie gut abgekommen sind, wenn sie nicht in Sichtweite oder nach 50 Schritt liegen. Sie werden auf die Nachsuche am nächstenTag vertröstet, bei der aber auch nichts herauskommt, da gute Schweißhunde in der Regel fehlen und vielleicht auch die Treiber die gefundenen Stücke unterschlagen. Hier ist also eine Waffe mit brutaler Wirkung besonders wichtig.

Wer aber nur alle Jubeljahr einmal Gelegenheit hat, auf eine Sau zu Schuß zu kommen, der kommt auch gut mit seiner gewohnten 8×57 oder 7×57 mit 3 g oder 3,5 g Blättchenpulver aus, wenn er nur ein möglichst schweres Geschoß wählt. Ob man H-Mantel, D-Mantel, Teilmantel oder T.I.G. bevorzugt, ist Geschmacksache. Persönlich habe ich mit dem T.I.G. schon früher in der 7×65 R und jetzt in der 7×57 die besten Erfahrungen gemacht. Unter 7 mm sollte man aber nicht auf Sauen schießen, besonders beim Treiben, da die kleinen Kaliber zu wenig Schnittborsten und Schweiß geben und eine Nachsuche dadurch wesentlich erschwert wird.

So braucht man also nicht die Kugel im Lauf zu lassen, wenn man überraschend mit Sauen zusammentrifft und nur seine Rehbockbüchse zur Hand hat.

Bei *guten* Schüssen durch die Kammer, auch noch durch die Leber, ja selbst weidwund, wird man das Stück immer bekommen. Die Verhältnisse sind ja hier ganz andere als beim Drücken. Das Stück ist nicht durch Menschen oder Hunde rege gemacht, weiß meist gar nicht, woher die Gefahr kommt und steckt sich in der nächsten Dickung, wenn es nicht vorzeitig hochgemacht wird. Nur soll man bei sehr starken Sauen folgendes beachten: Man schieße sie nicht *aufs* Blatt, sondern *hinters* Blatt, da bei solch starken Stücken das 7- oder 8-mm-Geschoß und auch ein schwaches Bleigeschoß leicht am Blattknochen abgleitet oder zwischen Blatt und Rippen stecken bleibt, wie ich es mehrfach erlebt habe. Doch gilt dies nur für wirkliche Hauptschweine. Noch beim vierjährigen Keiler, der alten Geltbache, schlägt das 8×57er-Geschoß bis in die Kammer durch. So läßt sich also in besonderen Fällen bei gutem Licht auf stehendes oder ziehendes Wild von der Hand eines sicheren Schützen gegen eine solche Patrone nichts einwenden, und ich muß von mir selber gestehen, daß ich mit ihr gegen 100 Sauen auf Pürsch und Ansitz geschossen habe, ohne ein angeschweißtes Stück verloren zu haben. Ich habe aber auch nur sichere Schüsse gewagt und stets gute Hunde zur Hand gehabt. Wenn es aber an die Wildjagden ging, dann griff ich zur alten erprobten 9,3×74. Auch wer gezwungen ist, bei schlechtem Licht zu schießen, sollte nur eine Patrone wählen, die brutal wirkt, da hier sicher oft schlechte Schüsse unterlaufen und die Feststellung des Anschusses und damit eine ordentliche Nachsuche schwierig ist.

Noch ein Wort zur Frage Repetier- oder Doppelbüchse für das Flüchtigschießen. Ich habe sowohl mit Doppel- als auch mit Repetierbüchse sehr sauber schießen sehen, habe aber mehr Leute mit dem Repetierer sauen sehen, als mit dem Zwilling. Das kommt

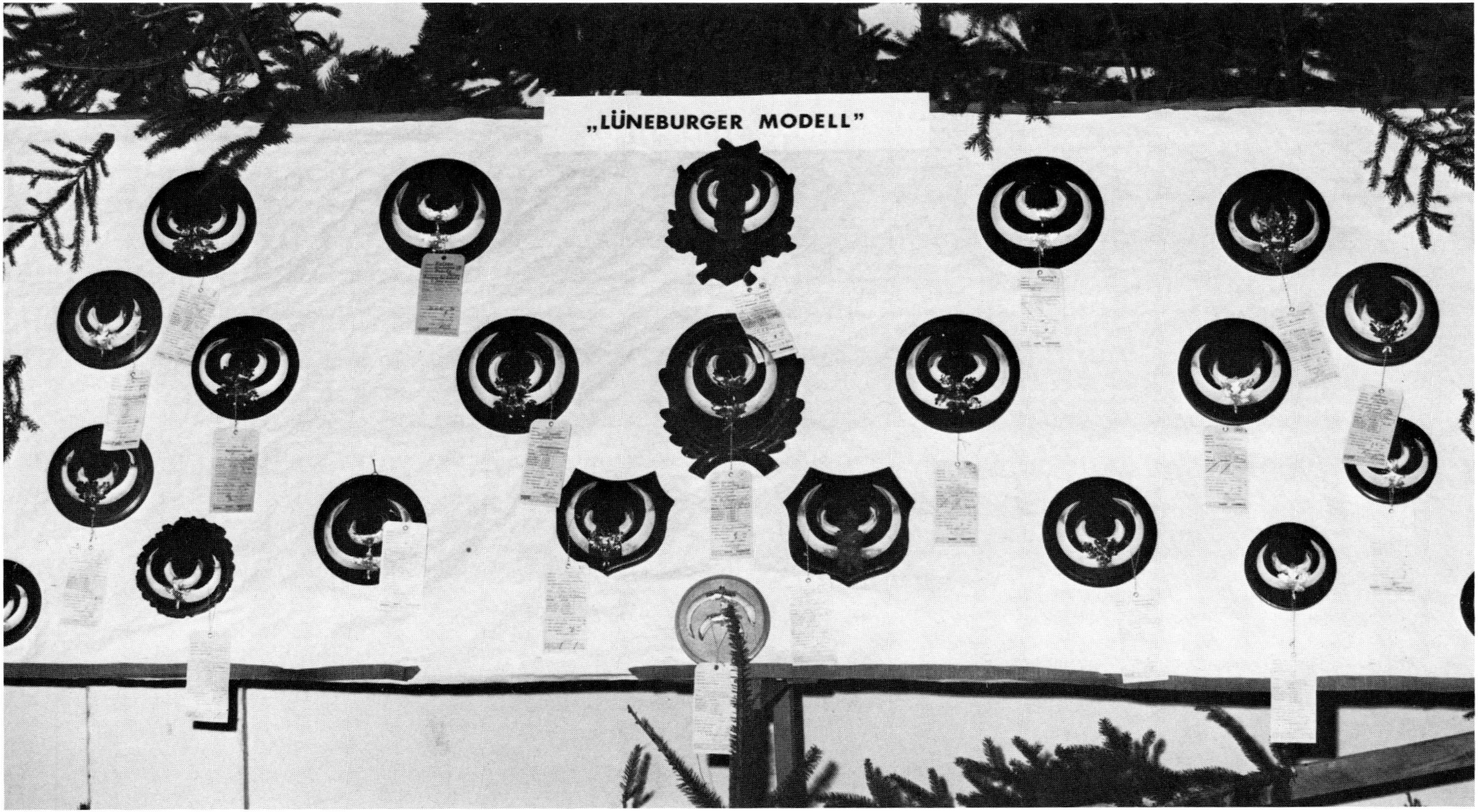

Bei konsequenter Verfolgung des Lüneburger Modells stellen sich bei entsprechender Geduld und Disziplin in der Jägerschaft auch Erfolge ein: Hier die Ausbeute 1981/82 des Landkreises Uelzen, in dem seit 10 Jahren nach diesen freiwilligen Vereinbarungen das Schwarzwild bejagt wird

wohl daher, daß die Jäger, die sich überhaupt eine Doppelbüchse und zwar meistens extra für die Wildjagden anschaffen, auch meist mehr Gelegenheit haben, flüchtig zu schießen und daher auch mehr in Übung sind. Dazu kommt noch, daß die Doppelbüchse in ihrer ganzen Bauart mehr der Flinte ähnelt, mit der die meisten Jäger gewohnt sind, flüchtig zu schießen. Bei den Repetierern habe ich dagegen beobachtet, daß die Betreffenden damit zwar auf stehendes Wild recht sauber schießen, weil dann Zeit ist, daß sie ihnen für den flüchtigen Schuß aber meist nicht gut genug liegen, und zudem das Stechen in der Eile und bei Kälte in Handschuhen Schwierigkeiten macht. Zwar lassen sich auch ohne Schwierigkeiten Flintenabzüge in Repetierbüchsen einbauen, doch sieht man sie in der Praxis wenig. Recht sauber schießen im allgemeinen die Drillingsleute. Das kommt daher, daß sie diese Waffe das ganze Jahr über führen und gewissermaßen mit ihr verwachsen sind. Außer für die wenigen Glücklichen, die für denselben Schaft Doppelbüchsdrillingsläufe haben, besteht aber der Nachteil, daß sie nur einen Schuß zur Verfügung haben. Zwar geben die vervollkommneten Flintenlaufgeschosse die Möglichkeit, auch den linken Schrotlauf als Kugellauf auszunutzen, doch ist zu berücksichtigen, daß das Flintenlaufgeschoß nur halb so schnell fliegt wie das aus dem gezogenen Lauf, und daher ein anderes Vorhaltemaß erfordert als der erste Schuß. Hieran in der Eile zu denken, dazu gehört ein hoher Grad von Aufmerksamkeit und ist nicht jedem gegeben. Doch kenne ich Leute, die sogar mit dem gewöhnlichen Drilling ihre drei Sauen aus der Rotte schießen, wenn sie einigermaßen nahe und bequem kommt. Dasselbe gilt für die Büchsflinte. Sie ist ein guter Ersatz für die Doppelbüchse, wenn sie das Flintenlaufgeschoß einwandfrei schießt, was leider nicht bei allen der Fall ist. Von automatischen oder halbautomatischen Büchsen halte ich gar nichts. In dem Bewußtsein, viele Schüsse in schneller Reihenfolge zu haben, verführen sie nur zum übereilten und unsauberen Schießen.

Bliebe noch zum Schluß der durch Flintenlaufgeschosse zur Doppelbüchse umfrisierten Doppelflinte zu gedenken, doch wird sie stets ein Notbehelf bleiben, mit der vielleicht der zufällig und unerwartet zu einer Saujagd eingeladene gewandte Sportschütze mehr ausrichten wird als mit einer ihm schlecht liegenden Repetierbüchse, besonders auf Schneisen bei nahen Schüssen, wo die Schützen dicht bei dicht stehen. Wo aber auf normalen Hochwildjagden bei weitem Abstellen im hohen Bestand sich auch öfter einmal die Gelegenheit auf eine verhoffende Sau auf 80 bis 100 Schritt bietet, das wird er mit seiner Flinte nicht mitkönnen, da ihre Reichweite bei 40, 50 Schritt zu Ende ist. Immerhin wird der Niederwildjäger, der seinen flüchtigen Hasen oder Fuchs sicher auf den Kopf zu stellen versteht, mit seiner gewohnten Flinte wahrscheinlich mehr ausrichten als mit seiner Pürschbüchse mit unzureichendem Geschoß, mit dem er noch nie flüchtig geschossen hat. Wo der dicke Bleibolzen hintrifft, gibt es einen starken Schock und ein großes Loch mit viel Schweiß. Auch im Engen weicht das Flintenlaufgeschoß nicht so leicht ab wie ein Mantelgeschoß, sondern behält seinen Weg auch bei stärkeren Hindernissen bei. Bei 40, höchstens 50 Schritt ist aber die Reichweite der Flinte zu Ende, und so wird ihr Führer manche Gelegenheit nicht ausnutzen können, wenn die Sauen einmal weiter kommen oder sich gar auf 70 bis 80 Schritt vor ihm hinstellen.

Flüchtigschießen

So große Vorzüge gerade auf Sauen das mehrfach vergrößernde Fernrohr bei Pürsch und Ansitz, besonders in der Dämmerung hat, so wenig brauchbar ist es zum Flüchtigschießen. Die meisten Menschen werden einfach nicht fertig damit, je enger der Bestand ist, desto weniger. Weil man dem Wild nicht genügend folgen kann, verführt es zum Lückenschießen und „Fangen", und da gibt es erfahrungsgemäß meist Schüsse, die hinten sitzen.

Für Jäger mit schlechten Augen, die über Visier und Korn nicht mehr recht fertig werden, haben sich dagegen Fernrohre mit 1½- bis 2½facher Vergrößerung als sehr brauchbar erwiesen. Ich kenne Leute, die auch im engsten Stangenholz damit fabelhaft schießen.

Doch bei Regen und Schlackerschnee ist auch der beste Fernrohrschütze behindert. So bleibt das Einfachste immer das Beste, und das ist das Zielen über Visier und Korn. Da aber das

Flüchtigschießen mit seinem eiligen Anschlag nur eine grobe Visierung erfordert, so sind die gewöhnlichen Visiereinrichtungen in der Regel zu fein. Es dauert zu lange, Kimme und Korn zusammenzubringen, und Zielfehler, besonders Hochschüsse, werden begünstigt. Daher braucht man für diese Zwecke eine grobe Kimme, in der man das Korn leicht findet. Wer für den Feinschuß eine enge Kimme nicht entbehren kann, möge vor die ausgefeilte breite Kimme ein Klappvisier setzen, mit feiner Kimme, das zum sauber gezielten Schuß hochgeklappt werden kann. Eine sehr praktische Visierung sah ich, bei der das Visier gar nicht eingeschnitten ist, sondern nur eine helle Marke die Mittellinie angibt. Das Korn läßt man einfach über der Visiermarke aufsitzen (s. Abb.). Es ist erstaunlich, wie schnell man mit dieser Visierung fertig wird.

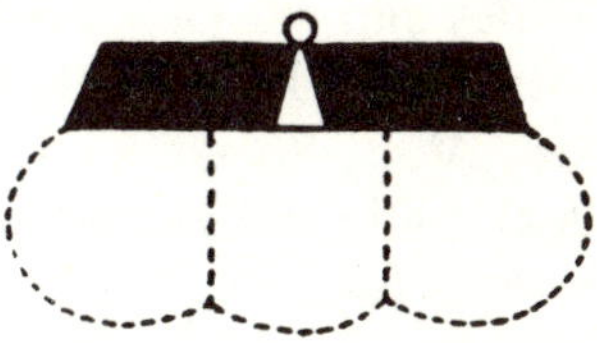

Doch bin ich im allgemeinen ein Feind von allen Kinkerlitzchen, ein grobes Visier und Korn tun es auch. Kein Gewehr und keine Visierung schießt von selber, man muß damit eingeschossen sein. Es ist kein Wunder, daß man mit einer Waffe nicht fertig wird, wenn man sie erst zur Jagd aus dem Schrank holt. Man muß mit ihr verwachsen sein, wenn man sie meistern will.

Unverantwortlich ist es daher, wenn man jemand, der bisher nur auf stehendes Wild geschossen hat, ohne jede Vorbereitung auf flüchtiges Wild losläßt. Auch die verfemten Sauen sind Geschöpfe Gottes, die zu schade dazu sind, daß ungeübte Schützen an ihnen ihre Schießkünste versuchen. Es wird auch von gewandten Jägern leider noch oft genug in der Schwierigkeit der grünen oder weißen Praxis schlecht geschossen.

Betrachten wir daher einmal zunächst rein theoretisch den Schuß auf flüchtiges Wild, ohne uns im geringsten darüber unklar zu sein, daß man diese Kunst nicht auf dem Papier, sondern nur durch fleißiges Üben lernen kann. Aber eine gewisse theoretische Grundlage ist immer von Nutzen.

Während beim stehenden Stück Wild die Kugel dort sitzt, wo man abkommt, so tut sie dies nicht, wenn sich das Wild in Bewegung befindet. Das merkt man schon dann, wenn das stehende Stück zufällig im Schuß einen Schritt vorwärts macht. Die Folge ist, daß die Kugel mehr oder weniger hinten, d. h. weidwund oder auf der Keule sitzt. Das kommt daher, daß das Geschoß vom Augenblick des Abdrückens bis zum Erreichen des Wildkörpers eine gewisse Zeitspanne braucht, die sich allerdings nur auf Zehntelsekunden beläuft.

Soll die Kugel nun trotzdem das Blatt treffen, so muß der Schütze „vorhalten", d. h. dahin zielen, wo das Blatt des Stückes sein wird, wenn das Geschoß ankommt. Das Maß des Vorhaltens richtet sich demnach nach der Entfernung, der Schnelligkeit des Wildes und der Geschwindigkeit des Geschosses.

Bei einem langsam fliegenden Geschoß mit etwa 650 m/sec. ist das „Vorhaltemaß" natürlich größer als bei den moderneren Hochgeschwindigkeitspatronen mit 1000 oder mehr m/sec. Eine hochflüchtige Sau legt etwa in der Sekunde 10 m zurück. Wenn wir uns dies klarmachen, so kommen wir schon mit unseren mathematischen Kenntnissen von Obertertia aus.

Nehmen wir als Beispiel einen Überläufer, der auf 60 m breit am Schützen vorbeiflüchtet, und rechnen wir, um unseren Denkkasten zu schonen, mit der glatten Zahl von 600 m/sec für die Geschoßgeschwindigkeit, so braucht also das Geschoß 1/10 Sekunde, um die 60 m zurückzulegen. In derselben Zeit ist aber unser Überläufer 1 m weitergekommen, so daß wir ihm also 1 m vors Blatt halten müßten, oder etwa eine Kopflänge vors Gebrech, wenn wir ihn gut treffen wollen; bei der halben Entfernung von 30 m aber immer noch 50 cm oder an den Wurf. Bei der Hochgeschwindigkeitspatrone braucht man dagegen wesentlich weniger vorzuhalten. Wer aber im Augenblick des Abdrückens die Büchse anhält, der wird auch dann hintenwegkommen, da der Mechanismus des Schlosses, besonders beim gestochenen Schießen, einige Bruchteile von Sekunden dauert und dadurch den Schuß verzögert.

Es ist daher nötig, beim Abdrücken mit der Büchse in der Bewegung zu bleiben, „mitzufahren". Eine andere Art des Schießens besteht darin, daß man auf dem Blatt des Stückes mitfährt und im Augenblick des Abdrückens die Büchse vorschwingt. Das Maß des Vorschwingens richtet sich nach der Schnelligkeit des

Stückes und der Entfernung. Gewandte Schützen tun dies ganz unbewußt und geben auf Befragen meist an, sie hielten überhaupt nicht vor. In Wirklichkeit halten sie natürlich erheblich vor und können auch mit Sicherheit angeben, wo der Schuß sitzt. Mir persönlich geht es so, daß dort, wo im Augenblick des Rückstoßes das Korn steht, auch die Kugel sitzt.

Es geht schon aus dem eben Gesagten hervor, daß das Mitschwingen, das beim gewandten Schützen rein mechanisch und unbewußt geschieht, eine viel größere Bedeutung hat, als das bewußte Vorhalten. So machte ich früher, als ich noch im Winter jede Woche 2—3 Wildjagden mitmachte, jedes Jahr wieder die Beobachtung, daß ich zu Anfang der Winterjagden mit derselben Büchse viel mehr vorhalten mußte, als später. War ich dann mit der Waffe wieder ganz vertraut und „in Form“, so mußte ich mich sogar vorsehen, daß die Schüsse nicht zu weit vorn saßen.

Übungsschießen

Ist die theoretische Betrachtung auch ganz nützlich, um sich über das Wesen des Schusses auf flüchtiges Wild klar zu werden, so ist die praktische Übung auf dem Schießstand doch von weit größerer Bedeutung. Fast überall stehen dem Jäger auf den neu errichteten jagdlichen Schießständen laufende Wildscheiben zur Verfügung, wo man sich in dieser Kunst üben kann. Es hat aber nur Zweck, wenn man tatsächlich mit der Büchse übt, die man auch draußen bei der Saujagd führt. Bitter ist es, daß die Patronen so teuer sind, aber das hilft nichts, wenn man das Vorhaltemaß erproben und Vertrauen zur Waffe bekommen will, denn das ist die Hauptsache.

Leider rollt die Keilerscheibe immer auf die gleiche Entfernung und mit derselben Schnelligkeit über die Schneise und entspricht daher nicht den Verhältnissen der Praxis. Auch übt man kaum bei minus 5 Grad mit den dicken Wintersachen, die man draußen trägt, noch kommt im Revier der Keiler auf das Kommando „los“, sondern erst, wenn man steifgefroren ist. Trotzdem sollte man unbedingt vor den Winterjagden ein paarmal auf die laufende Wildscheibe schießen, um in Übung zu kommen.

Die Übungen auf den laufenden Keiler im Rahmen der Wettbewerbe des DJV haben aber für die Praxis m. E. überhaupt kaum Bedeutung. Sie werden meist der Kosten wegen mit einer besonderen Büchse durchgeführt, die eine billigere Patrone verschießt, z. B. die Hornet. Wenn die Fluggeschwindigkeit des Geschosses auch etwa der der Jagdbüchse entspricht, so ist es eben nicht die eigene Waffe. Außerdem verführt es dazu, den Keiler bei stillgehaltener Büchse in den Schuß laufen zu lassen, ihn zu „fangen", was bei den stets gleichen Bedingungen auf dem Schießstand ganz praktisch ist, auf der Jagd aber ein großer Fehler.

Wer ein Einstecklaufchen für den Schrotlauf seines Drillings oder seiner Büchsflinte führt, kann auch zu Hause auf dem Lande oder in der Nähe seiner Jagdhütte mit seiner gewohnten Waffe den flüchtigen Schuß üben.

Vor einem geeigneten Kugelfang schlägt man im Abstand von 6 bis 8 m zwei Pfähle in die Erde, befestigt an beide eine drehbare Holzscheibe mit Rille, über die eine Schnur ohne Ende läuft. An die Schnur wird ein Holzrahmen von 20 × 30 cm für die Scheibenbilder befestigt. Schlägt man nun noch an der Seite der einen Scheibe einen starken Nagel als Handgriff zum Drehen ein, so ist unser laufender Schießstand fertig. Sofern man nicht einen starken Baum, eine Hauswand oder dergleichen als Deckung für den Gehilfen, der die Scheibe dreht, ausnutzen kann, ist es aus Sicherheitsgründen zweckmäßig, durch ein paar Bohlen oder eine alte Stalltür eine solche zu schaffen.

Man schießt auf 10 bis 15 Schritt auf verkleinerte Scheiben, die man sich selbst auf Pappe aufmalt. Hierdurch wird der Unterschied in der Fluggeschwindigkeit der kleinen 22 Long zu der Normalpatrone ausgeglichen.

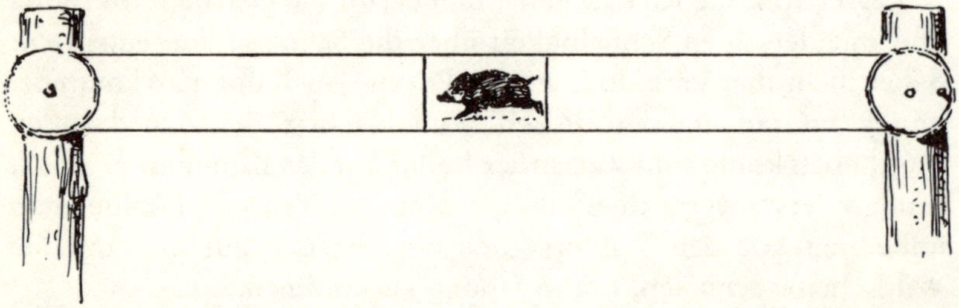

Auf solchem kleinen Schießstand, der fast gar nichts kostet, kann man natürlich mit den billigen Kleinkaliberpatronen viel intensiver üben und das Schießen durch Wechseln der Entfernungen, der Schnelligkeit und der Richtung viel abwechslungsreicher gestalten und dabei wirklich vertraut mit der Waffe werden, die man auf der Saujagd führen will. Denn das ist der Zweck der Übung.

Wem aber weder ein großer noch ein kleiner Schießstand zur Verfügung steht, der sollte wenigstens vor Beginn der Jagdzeit täglich Anschlagsübungen im Zimmer machen. Mit einiger Energie läßt sich dies gut durchführen, wenn man morgens die Büchse aus dem Schrank holt und griffbereit irgendwo hinlegt. Kommt man im Laufe des Tages zufällig vorbei, schnell wird die Büchse ergriffen und nach verschiedenen Seiten und wechselnden Zielen in Anschlag gegangen. Man sollte gar nicht glauben, wie dies auf die Dauer hilft und wie gelenkig man wird.

Doch auch der beste Schießstand wird die vielseitigen Möglichkeiten der Praxis nicht ausschöpfen können. Wenden wir uns deshalb dieser zu. Hier werden wir uns zunächst an die vom Übungsstand abweichenden Entfernungen und die verschiedene Schnelligkeit der Sauen gewöhnen müssen, um das richtige Vorhaltemaß herauszubekommen. Hierzu eine Geschichte: Auf einer Jagd kam an mir ein starker Keiler vorbei in Richtung auf meinen Nebenmann. Mißgünstig, wie ich war, versuchte ich ihm in den ziemlich engen Buchenstangen auf etwa 100 Schritt eine Kugel hinzusetzen. Doch da ich auf einer schmalen Lücke „fangen" mußte, ging die Kugel hinten weg. Nun kam der Keiler meinem Nachbarn auf 10 bis 15 Schritt vorbei, der dreimal darauf schoß. „Nun wird er ihn wohl haben", dachte ich. Als ich nach dem Abblasen hinging, sah ich ihn im Schnee suchen. Es stellte sich heraus, daß alle drei Schüsse vorbeigegangen waren. „Das kann ich gar nicht verstehen", sagte kopfschüttelnd der Schütze, „ich habe ihm doch jedesmal mindestens eine halbe Länge vor den Kopf gehalten!" Das war dann allerdings kein Wunder. Er hatte sich eben nicht klargemacht, daß man auf diese Entfernung einfach drauf halten muß.

Eine Grenze für waidgerechte Höchstentfernung anzugeben, ist nicht leicht. Im engen Stangenholz ist der Schuß auf einen auf 50 Schritt in hoher Fahrt vorbeikommenden Überläufer schon ziemlich schwierig, während er auf offenem Gelände noch verhältnismäßig einfach ist. Trollende Sauen legt der *gute* Schütze im raumen Holz noch bequem auf 100 Schritt um. Wenn ich gar die Möglichkeit habe, auf verhoffende Sauen angestrichen auf 120 bis 150 Schritt zu Schuß zu kommen, wäre ich unbegabt, wenn ich dies nicht ausnützen würde. Man muß sich aber klar sein, daß je weiter die Entfernung ist, desto schwieriger auch im allgemeinen der Anschuß festzustellen ist. So kommen bei der Beurteilung der waidgerechten Entfernung viele Momente in Betracht, die gegeneinander abgewogen werden müssen. Im großen und ganzen kann man sagen, daß die besten Entfernungen bis 60 Schritt liegen und man weitere Schüsse nur unter besonders günstigen Umständen wagen soll. Einem geglückten Weitschuß stehen meist viele Fehlschüsse und womöglich schlechte Schüsse mit ekligen Nachsuchen gegenüber.

Breit-, Schräg- und Spitzschüsse

Der beste Schuß ist der Breitschuß, da er das Wild quer durchschlägt und die größte Aussicht auf Ausschuß bietet, der der Nachsuche wegen immer erwünscht ist. Flüchtige Sauen schießen sich von allem Schalenwild am leichtesten, da sie infolge ihrer kurzen Läufe die ruhigste Fortbewegungsart haben und fast gar nicht von der Waagerechten abweichen. Sie kommen „wie an der Schnur gezogen". Rot- und Damwild, auch Rehe, machen dagegen mehr oder weniger hohe Fluchten, so daß die Höhe sich dauernd verschiebt. Bei Sauen ist es daher meist leicht, in der richtigen Höhe abzukommen.

Im Winterhaar sehen die Sauen „größer" aus als sie in Wirklichkeit sind. Das macht der starke Kamm, die „Federn", die bei starken Stücken eine gute Hand hoch sind. Wenn man dazu bedenkt, daß in der Eile oft zuviel Korn genommen wird, so erklärt sich leicht, daß Sauen gern überschossen werden. Dann findet man auf dem Anschuß nur lange Kammborsten. Oder das Stück wird nur gekrellt, denn auch die Wirbelfortsätze, im übrigen auch

Federn genannt, sind über dem Widerrist sehr hoch. So soll man sich angewöhnen, etwa das untere Drittel des Wildkörpers anzufassen. Dann wird die Lunge an ihrer breitesten Stelle durchschlagen. Sitzt der Schuß etwas tiefer, so faßt man das Herz. Etwas tiefe Schüsse haben überhaupt den Vorteil, daß sie besser zu schweißen pflegen.

Einmal schoß ich im Schnee auf einen flüchtigen Keiler und faßte sehr tief das Herz. Als er darauf auf 30 Schritt an mir vorbeikam, leckte der Schweiß an der ganzen Unterseite an ihm herunter, als ob er unter der Brause stände. Die 60 Schritt lange Schweißfährte sah aus, als ob dort ein Sprengwagen gefahren wäre. Bei diesem Stück konnte ich im übrigen besonders gut beobachten, wie es bei seinen Fluchten auf der Einschußseite zuerst schwächer und unsicher wurde, zuletzt sich ganz nach dieser Seite überlegte und dann auf den Einschuß kippte. Es ist aber auch falsch, aus Angst vor dem Hochschuß zu tief abzukommen, da sonst leicht Kurz- und vor allem Laufschüsse entstehen.

Unangenehm ist der Schuß auf steil bergan oder bergab flüchtende Sauen. Man ist gewohnt, im allgemeinen waagerecht mitzuschwingen, und so sitzen solche Schüsse meist zu tief oder zu hoch.

Doch nicht immer kommen die Sauen breit vorbei. Oft kommt man in die Lage, auf schräg von vorn anflüchtende Sauen zu schießen. Hierbei muß man sich klar werden, daß die Seitwärtsbewegung erheblich geringer ist als gewöhnlich, und man daher weniger vorzuhalten braucht. Je spitzer das Stück kommt, desto weniger. Treffen diese Schüsse zwischen Kopf und Blatt den Halsansatz, so durchschlagen sie das Stück schräg der Länge nach, und es bricht meist im Feuer zusammen, besonders, wenn auch noch ein Halswirbel mitgefaßt ist.

Sitzen sie etwas zu weit vorn, treffen sie den Kopf, womöglich nur den Unterkiefer, so verschlägt sich das Geschoß im Hals oder auf der gegenüberliegenden Blattschaufel und die Schweinerei ist fertig. Trifft das Geschoß die Blattschaufel, so kann es leicht an ihr abgleiten, ohne in die Kammern einzudringen, und man bekommt mit dem zertrümmerten Blatt eine schlimme Nachsuche. Kommt man noch etwas weiter hinten ab – und bei der schrägen

Stellung macht jeder Zentimeter viel mehr aus als bei Breitschüssen –, so faßt man das Stück weidwund oder nur eine Keule. So sind mir solche Schüsse immer etwas unangenehm.

Das Gegenteil ist bei Schüssen schräg von hinten der Fall. Hier geht jeder Schuß nach vorn zu ins Leben, auch wenn der Einschuß fast auf der Keule sitzt. Auch das Blatt schützt von hinten die Kammer nicht so wie schräg von vorn. Es können auch hier natürlich bei zuviel Vorhalten Schüsse vorkommen, die nur die Blattschaufel zerschlagen. Doch da die Kugeln erfahrungsgemäß meistens eher zu weit hinten sitzen als zu weit vorn, so kommt dies nicht so häufig vor. Auf alle Fälle hat der Schuß schräg von hinten nach meinem Empfinden erhebliche Vorteile, und so lasse ich auch, wenn die Schußverhältnisse es irgend gestatten, die Sauen lieber durch die Schützenlinie, um den mir unsympathischen Schuß schräg von vorn zu vermeiden.

Noch viel schlimmer ist der Schuß spitz von vorn. Der Kopf der Sau deckt den übrigen Körper, vor allem den Stich vollkommen, so daß eigentlich nur der Schuß zwischen die Lichter ins Gehirn übrig bleibt. Diese Stelle ist aber so klein, daß sie bei einem

flüchtigen Stück schon gar nicht und auch bei verhoffenden Sauen nur auf ganz nahe Entfernung mit Sicherheit zu treffen ist. Weicht die Kugel auch nur um ein kleines ab, so hat man die schönsten Gebrechschüsse. Deshalb soll man diese Schüsse nur auf kranke Stücke und in den äußersten Notfällen abgeben. In den meisten Fällen mißglücken sie.

Ebenso ist es mit den Schüssen spitz von hinten. Sie treffen fast immer nur die Keulen und sind daher nur auf kranke Stücke vertretbar.

Schußzeichen und Schußwirkungen

Während wir beim Rot- und Rehwild mit ziemlicher Sicherheit darauf rechnen können, daß es den Empfang der Kugel quittiert, und wir aus dem Zeichnen einen Anhalt für den Sitz des Schusses erhalten, so verhält sich das Schwarzwild ganz anders. Außer wenn es so getroffen ist, daß es im Feuer zusammenbrechen muß, reagiert es auf einen Treffer nur wenig oder überhaupt nicht. Höchstens ruckt es unmerklich zusammen, was leicht übersehen wird.

Infolgedessen ist gerade bei Sauen eine sehr sorgfältige Feststellung des Anschusses nötig, da dieser oft erst Gewißheit über einen Treffer überhaupt und den Sitz der Kugel gibt. Auch die Nachsuche muß besonders sorgfältig vorgenommen werden, denn auch starke Geschosse geben besonders bei starken Stücken oft keinen Ausschuß. Die zähe, federnde Schwarte hält das Geschoß zurück, und man kann es oft gegenüber dem Einschuß mit der Hand fühlen und leicht herausschärfen. Der mangelnde Ausschuß bewirkt eine schlechte Schweißfährte, und wenn bei feisten Stücken sich der Einschuß und etwa vorhandene Ausschuß mit „Weiß“ verstopft, so findet man überhaupt keinen Schweiß. Geht man da bei der Nachsuche nicht sehr sorgfältig zu Werke, so kann man leicht Stücke verlieren.

Bevor wir auf die Nachsuche selbst eingehen, wollen wir uns einen kurzen Überblick über die *Schußwirkungen* bei den verschiedenen Schüssen verschaffen, da es uns für die Nachsuche überhaupt und die Beurteilung ihres Erfolges von Nutzen sein wird.

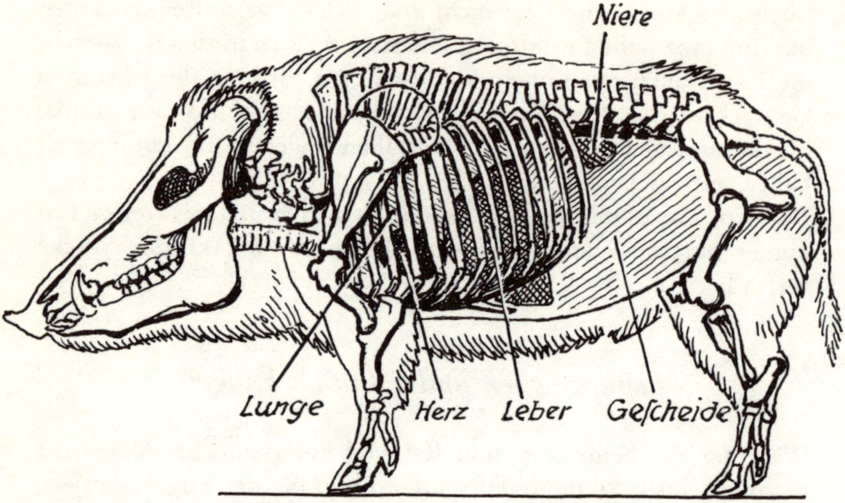

Knochengerüst eines Keilers. Tief nach unten gehende Wirbelsäule, daher häufig Krellschüsse, sehr tief liegendes Herz (Zeichnung: Fritz Laube)

Bei allen Schüssen, die das *Gehirn* und die *Wirbelsäule* treffen, bricht auch das Schwarzwild im Feuer zusammen und verendet entweder mehr oder weniger schnell, oder kommt doch nicht mehr vom Fleck. Während es manchmal blitzartig verendet, schlägt es doch meistens wild mit den Läufen und macht Anstrengungen hochzukommen. Wenn es die Verhältnisse erlauben, d. h. wenn man nicht gerade auf einer Kanzel sitzt oder beim Treiben den Stand nicht verlassen darf, eile man schleunigst hin, um dem Stück den Fangschuß zu geben oder es abzufangen. Nicht nur, um das Wild von seinen Qualen zu befreien, sondern weil man bei diesem Verhalten auch stets mit einem *Krellschuß* rechnen muß. Kann man nicht an das Stück heran, so behält man wenigstens die Büchse am Kopf, bis das Stück sich streckt.

Manchmal werden stärkere Sauen durch einen Rückgratschuß auch so gelähmt, daß sie sich nicht rühren können, ohne aber zu verenden. Vor Jahren schoß ich auf dem Ansitz von einer Kanzel auf einen Keiler, der sich breit auf die Schneise stellte. Meiner Gewohnheit nach faßte ich ihn hoch Blatt an, damit er mir nicht noch in die Dickung gehen sollte, denn es war abends. Im Schuß flog er auf die Ausschußseite und rührte keinen Lauf mehr. Nachdem ich einige Minuten gewartet hatte, stieg ich herunter und ging auf den Keiler zu. Er rührte sich nicht. Als ich aber auf fünf Schritt heran war, sah ich, daß seine Lichter sich bewegten und mich tückisch betrachteten. Als ich noch einen Schritt näher trat, fing er plötzlich an, zornig mit den Gewehren zu klappen, aber sonst lag er vollkommen still. Der ganze Körper war anscheinend gelähmt, nur der Kopf nicht, und er war bei vollem Bewußtsein, wie man aus dem Blick schließen konnte. Ich trat von hinten an ihn heran und fing ihn ab, wobei er noch heftiger wetzte.

Einige Tage später wiederholte sich dieser gewiß seltene Fall genau an derselben Stelle. Ein Keiler kam auf demselben Wechsel und bewindete voll Interesse den Schweißfleck, den sein Vorgänger hinterlassen hatte. Hierbei bekam er die Kugel meines Schwagers, und als wir nach einiger Zeit herankamen, sah ich wieder die Lichter voll Bosheit auf uns gerichtet. „Nun wird er gleich wieder anfangen zu wetzen“, sagte ich voraus, und richtig, er tat es. Er hatte genau dieselbe hohe Blatt- oder Rückgratkugel.

Faßt man das Rückgrat weiter hinten auf dem *Kreuz*, so setzt sich die Sau meist auf die Keulen und versucht, sich mit den Vorderläufen fortzuschleppen. Gelegentlich nehmen Sauen aber auch im Schuß Front zum Schützen, wobei sie gefährlich blasen und mit dem Gebrech klappen. Auch Bachen tun dies, Überläufer und Frischlinge lassen bei Rückgratschüssen öfter ein schrilles, sehr weit vernehmbares Klagen hören, das wir auch vom Schweineschlachten her kennen. Vernimmt der Jäger dies, so kann er beruhigt sein. Im allgemeinen kommt das Stück nicht mehr weg, sondern verendet ziemlich schnell. Nur einmal habe ich erlebt, daß ein Frischling nicht zur Strecke kam, der klagte. Er hatte aber überhaupt keine Kugel. Ich hatte einen Gast an ein Loch in einem Kulturzaun gestellt, durch das die Sauen ein- und auswechselten. Die Kultur wurde gedrückt, und die Rotte kam durch das Loch. Der Gast schoß auf einen Frischling. Im gleichen Augenblick ertönte das markerschütternde Klagen, und ein Stück schlug verzweifelt im Draht. Doch ehe der Schütze heran war, war der Frischling hoch und davon. Auf dem Anschuß aber lag ein anderer Frosch mit gutem Schuß. Der erste war augenscheinlich nur in der Eile im Draht hängen geblieben, und das hatte ihn so in Angst versetzt.

Wird die Wirbelsäule nur gestreift oder werden die Dornfortsätze getroffen, die „Federn", die auf dem Widerrist ziemlich lang sind, so bricht das Stück gleichfalls im Feuer zusammen. Es ist „gefedert" oder gekrellt, und die Erschütterung des Hauptnervenstranges ruft eine augenblickliche Lähmung hervor. Je nach Stärke der Erschütterung dauert diese längere oder kürzere Zeit. Werden die Federn nur leicht gestreift, so fallen die Stücke wie vom Blitz geschlagen um und sind fast im selben Augenblick wieder hoch, um wie gesund flüchtig zu werden. In der Flucht beschossen, gehen sie häufig über Kopf, nehmen sich aber sofort wieder auf. Nur selten glückt es dem erstaunten Jäger, mit dem zweiten Schuß die Sache besser zu machen.

Ist die Krellung stärker, so dauert die Betäubung etwas länger, wobei die Stücke verzweifelt mit den Läufen schlagen, doch meistens nicht lange genug, um schnell heranzukommen und dem Stück den Fangschuß geben zu können. Auf das am Boden liegende, herumschnellende Stück läßt sich eine vernünftige Kugel meist nicht anbringen, und wenn es in taumelnden Fluchten spitz wegflüchtet, ist auch nicht viel zu machen. Während bei den leicht gekrellten Stücken manchmal überhaupt kein Schweiß in der Fluchtfährte zu finden ist, liegt bei den stärker gekrellten, flüchtigen Stücken oft zu Anfang viel Schweiß, der aber bald weniger wird und aufhört.

Solche Stücke wird man zwar der Ordnung halber auch nachsuchen, aber nie bekommen. Sie heilen sich auch mit Sicherheit aus, wenn nicht bei schwächeren Sauen ein starkes Geschoß ein zu großes Loch in den Kamm reißt. Doch kommen öfter Sauen zur Strecke, die gut bei Leibe und normal entwickelt sind, denen ein faustgroßes Stück aus dem Rücken fehlt.

Gelegentlich ist die Krellung der Wirbelsäule so stark und die Betäubung dauert so lange, daß die Stücke für verendet angesehen werden und der Schütze beruhigt seines Weges geht. Soll das Stück dann geholt werden, so ist es verschwunden. Hat der Schuß dann von unten das Rückgrat gefaßt, so ist meist die Lunge mit verletzt, und das Stück kommt auf der Nachsuche zur Strecke. Doch auch solche sogenannten „Hohlschüsse“, die wohl nicht, wie man früher annahm, ohne die Lunge zu verletzen unter dem Rückgrat durchfahren, aber eben die Lunge nur streifen oder unwesentlich zerreißen, heilen die Sauen manchmal gut aus.

Einen Fall von sehr weitgehender Krellung erlebte ich einmal auf einer Nachbarjagd. Wir suchten nach der Jagd noch am selben Abend einen kranken Frischling nach. Er wurde vor dem Hund auf einer niedrigen Kultur in einer Pflanzenreihe hoch, und der Jagdherr schoß ihn spitz von hinten auf den Rücken. Er hatte ein zwei Fäuste großes Loch auf dem Rückgrat und war scheinbar mausetot. Wir schleiften ihn 100 Meter bis zum nächsten Gestell und machten uns an eine weitere Nachsuche. Der Kutscher, der in der Nähe wartete, lud ihn auf und fuhr ihn zum Wildwagen, der an einer anderen Ecke hielt. Da er nicht nahe heranfahren konnte, nahm er ihn auf die Schultern und warf ihn neben dem Wagen ab. Da fuhr ein Treiberhund auf unseren Frischling los, zauste ihn, und nun fing der arme Frosch jämmerlich an zu klagen. Ein Fangschuß durchs Herz erlöste ihn endlich von seinen Qualen.

Schüsse durch die Kammer, die *Lunge* und *Herz* treffen, sind immer tödlich. Wenn das Geschoß überhaupt etwas reißt, so brechen die Sauen in der Flucht nach 10 bis 200 Metern zusammen, je nach Stärke des Stückes und der Patrone. Nur Frischlinge werden von starken Geschossen manchmal einfach umgerissen und bleiben im Feuer.

Bei guten Schüssen auf und hinter das Blatt zeichnet das Schwarzwild in den meisten Fällen überhaupt nicht. Ist es im Stehen beschossen, so wird es vielleicht den Bruchteil einer Sekunde früher flüchtig, da das Geschoß eher als der Knall ankommt. In der Flucht ist überhaupt gar nichts vom Zeichnen zu merken, es wird oft nicht einmal schneller, ja im Troll beschossene Stücke bleiben vielfach in dieser Gangart. Der Unkundige kann daher leicht auf einen Fehlschuß schließen. Den Kugelschlag, der mittelhell ist, hört man auf nahe Entfernungen im Treiben meist nicht, dagegen sonst auf 100 Schritt und darüber genau. Ist man darauf eingestellt, so stellt er ein ziemlich sicheres Schußzeichen dar. Zwar schlägt die Kugel ja auch auf Holz oder in der Erde, aber der Kundige kennt es leicht am anderen Ton.

Besonders mit Herzschüssen stürmen die Sauen besinnungslos vorwärts, wobei sie bisweilen mit dem Gebrech zu Boden fahren. Sieht man diese Bewegung kurz nach dem Schuß, so kann man des Erfolges sicher sein. Auch wenn die Fluchten merkwürdig krampfig und gespannt werden, dauert es nicht lange, bis das Stück zusammenbricht. Öfter, besonders auf freiem Felde, beschreiben die Sauen in der Todesangst einen Bogen, ehe sie zusammenbrechen. Einen durch die Lunge geschossenen Frischling sah ich einmal nach einigen Fluchten sich auf die Hinterläufe stellen, wobei er mit den Vorderläufen um sich schlug, anscheinend ein Zeichen von Luftmangel. Grobe Keiler schlagen manchmal in ihrer Todesnot und Wut rechts und links um sich. Ist das Holz eng genug, so sieht man die Male, die die Gewehre an den jungen Stämmen hinterlassen haben, auf der Fluchtfährte. Doch ist dies anscheinend nur selten. Ich habe es nur ein einziges Mal erlebt, als ich mir ganz allein vom Förster einen Eingänger drücken ließ. Er kam programmgemäß auf dem Wechsel trollend durch die Wacholder, zeichnete überhaupt nicht auf den Schuß, wurde aber flüchtig. Ich sah aber in einem Horst Anflugkiefern die Stämmchen wackeln, das letzte wollte sich gar nicht beruhigen. Als es endlich ruhig war, ging ich hin, fand dort den verendeten Keiler von 225 Pfund und davor auf dem Fluchtweg die angeschlagenen Stämme.

Der Lungenschweiß ist wie bei jedem anderen Wild schaumig und hellrot und nicht zu verkennen. Ist er nicht auf dem Anschuß mit herausgerissen, vielleicht sogar mit Lungenfetzen, so findet man ihn nach 20 bis 30 Schritt, und das Stück liegt wahrscheinlich nicht weit. Herzschweiß ist dunkler, ähnlich dem Wildpretschweiß, doch liegt er oft mit Lungenschweiß zusammen, da die Lunge fast immer mit getroffen wird. Herzschüsse geben ihrer tiefen Lage wegen meist viel Schweiß und eine leichte, kurze Nachsuche.

Die Wirkung von *Leberschüssen* kann außerordentlich verschieden sein, je nachdem diese getroffen wird. Trifft das Geschoß sie voll und richtet große Zerstörung an, so bleiben geringe Sauen manchmal schon im Feuer, Hauptschweine, wie einer meiner stärksten Keiler, gehen noch 50 bis 60 Schritt und verenden in der Fährte. Wird dagegen nur ein Leberflügel gestreift oder auch ein

Stück so mit herausgerissen, daß es auf dem Anschuß liegt, so kann unter ungünstigen Verhältnissen das Stück verlorengehen oder oft erst nach mühseliger Nachsuche zur Strecke kommen. Wie auch bei den nachher zu behandelnden Weidwundschüssen und allen nicht sofort tödlichen Schüssen überhaupt kommt es hierbei wesentlich darauf an, unter welchen Umständen die Sau beschossen ist. Hat sie auf Pürsch oder Anstand die Kugel bekommen, ohne vom Schützen etwas zu bemerken, so wird sie bei schmerzhaften Leber- und Weidwundschüssen die nächste Deckung aufsuchen und sich dort einschieben. Hier verendet sie dann mit Leberschuß nach 2 bis 3 Stunden, wenn sie nicht vorher rege gemacht wird.

Ganz anders im Treiben. Hier ist die Sau schon an sich auf der Flucht vor der Störung, Treibern und Hunden. Knallt es dann noch, und sie empfindet den unangenehmen Schmerz eines solchen Schusses, so sucht sie eine möglichst große Strecke zwischen sich und die Verfolger zu bringen. Kommt sie dann später zufällig in ein neues Treiben, wenn sie sich ermattet ins Wundbett geschoben hat, so geht sie, bis sie umsinkt. Hierdurch ergeben sich dann unendlich schwierige Nachsuchen, und es kommt vor, daß selbst mit Leberschüssen Sauen verlorengehen können. Vertraut beschossen und nicht unvorsichtig angeregt, kann man bei Leberschüssen dagegen mit 99 % für den Erfolg garantieren. Leberschweiß ist leicht an seiner dunklen Farbe und dem typischen Lebergeschmack kenntlich. Den Leberschuß zeichnen die Sauen manchmal durch kurzes Zusammenrucken, oft aber gar nicht.

Ebenso ist es beim *Weidwundschuß*. Doch habe ich zuweilen bei stehend oder ziehend beschossenen schwächeren Sauen ein Zusammenknicken in der Hinterhand bemerkt. Wohl infolge der einfacheren Konstruktion des Saumagens gegenüber dem Pansen der Cerviden wirken Schüsse durch diesen, die nicht die Leber mit fassen, verhältnismäßig wenig. Ein Frischling von 60 Pfund, auf dessen Anschuß eine Handvoll in der Nacht aufgenommener Kartoffeln lag, ging noch fast einen Kilometer. Schüsse durch das kleine Gescheide haben dagegen meist mehr Wirkung. Läßt man solchen Stücken die nötige Ruhe, so versuchen sie sich bald einzuschieben und verenden nach 3 bis 6 Stunden. Man findet sie dann vielfach bis 500 m vom Anschuß. Im Treiben dagegen geht die Reise oft viele Kilometer weit. Da sie sich aber vor Hunden verhältnismäßig leicht stellen, so kann es manchmal richtig sein, gleich anzuhetzen. Das ist oft besser, als am nächsten Tage in die Unendlichkeit nachzusuchen. Bei Pürsch und Anstand aber würde ich immer warten und kann dann mit 90 % Wahrscheinlichkeit damit rechnen, daß das Stück irgendwo in der nächsten Dickung verendet liegt. Der Schweiß ist bei Weidwundschüssen wässerig und trübe und fehlt oft ganz. Die Hunde halten weidwunde Fährten aber meist sehr sicher, weil sie augenscheinlich einen sehr intensiven Geruch haben. Auf dem Anschuß findet man gelegentlich Magen- oder Gescheideinhalt, im Verlauf der Suche oft Teile vom Gescheide, die abgestreift sind. Einmal fand ich kurz hinter dem Anschuß eines Frischlings das halbe Gescheide um einen Wacholder gewickelt, den Frischling aber schoß ich eine halbe Stunde später 800 m weiter vor dem Hunde tot.

Für den *Nierenschuß* gilt dasselbe wie für den Weidwundschuß. Das Stück knickt oft hinten zusammen. Da die Verletzung sehr schmerzhaft zu sein scheint, steckt das Stück sich vielleicht etwas eher. Der Schweiß ist sehr dunkel, ähnlich dem Leberschweiß.

Ein wohl sehr selten vorkommender Fall ist der Schuß durch das Kurzwildpret. Ich habe ihn einmal nur erlebt, als ein Gast auf dem Anstand einem Hauptschwein die Kugel *aufs* Blatt gesetzt hatte und diese daran abglitt und am Hals stecken blieb. Als der Keiler nach einiger Zeit wieder hoch wurde, hatte die zweite Kugel Keule und Kurzwildpret gefaßt. Wir fanden am nächsten Morgen auf dem Anschuß Stücke, die wir für Leber ansprachen, nur schienen sie etwas großfaseriger. Die Nachsuche war durch 25 mm Regen in der Nacht erheblich erschwert, und da wir fest mit Leberschuß rechneten, glaubten wir den Keiler nicht weit zu finden und gaben den Hunden unrecht. So suchten wir bei strömendem Regen schließlich den ganzen Tag frei verloren, bis durch reinen Zufall gegen Abend ein Hund den Keiler stellte. Es ist eine meiner reizvollsten Erinnerungen, wie ich dann im hohen Korn das Hauptschwein vor dem Hund totschoß, 22 Stunden nach dem Anschuß. Die vermeintlichen Leberfetzen stellten sich dann einwandfrei als Teile vom Kurzwildpret heraus. In der Rauschzeit hätten wir es vielleicht früher gerochen. Doch wer kommt auf *die* Idee!

Übel sind meist Schüsse durch die *Läufe.* Fassen sie beide Keulen hoch, so kommen schwächere Stücke infolge der starken Zerreißungen zwar oft nicht einmal mehr vom Fleck, natürlich auch, wenn beide Keulenknochen zerschmettert sind. Das Stück versucht, ähnlich wie beim Kreuzschuß, sich auf den Vorderläufen fortzuschleppen. Ebenso ist es bei Schüssen durch beide Vorderläufe oder auch beide Oberarmknochen. Die Sau schnellt sich vorn hoch und will sich mit den Hinterläufen abstoßen. Diese ruckartigen planlosen Bewegungen erinnern manchmal an einen Kopf- oder Gebrechschuß. Wird aber nur ein Lauf gefaßt, so knickt das Stück wohl im Stehen, Ziehen oder Trollen nach der Seite ein, wo ihm die Stütze geraubt ist, in der Flucht ist aber meist gar kein Zeichnen zu bemerken. Am Anschuß und auf der Fluchtfährte findet man dann die typischen Knochensplitter und kann sich mit Recht am Kopf kratzen, denn die Nachsuche bleibt sehr ungewiß. Das zeigt schon die Tatsache, daß so viele Sauen mit alten Laufschüssen zur Strecke kommen. Es ist wenigstens ein Trost, daß sie solche Schüsse so verhältnismäßig leicht ausheilen. Manchmal ist es allerdings erstaunlich, wie leicht stärkere Sauen an Laufschüssen krank werden. Bei ihrem Gewicht wird ihnen das Flüchten wohl verhältnismäßig sauer, und sie stecken sich bald, d. h. in diesem Falle nach einigen Kilometern. Sie stellen sich auch leicht dem Hund, weichen aber dem Menschen mit Bedacht aus. So bekommt man sie auch mit einiger Sicherheit nur bei Schnee und wenn man zur Nachsuche einige Schützen bei der Hand hat, die man auf den Hauptwechseln vorstellen kann. Im Winter 1933 machte ich eine Nachsuche auf eine alte vorderlaufkranke Bache. Sie war vom Anschuß etwa 2 km geflüchtet, bis sie sich gesteckt hatte. Dann stellte sie sich am nächsten Tage zwar dreimal vor dem Hunde, teilweise bis zu 3/4 Stunden, sobald wir aber herankamen, wurde sie flüchtig. Da wir nur zu zwei Mann waren, fehlten uns die Leute zum Vorstellen und sie entkam uns jedesmal. Nach 3 Stunden Hetze konnte der Hund nicht mehr. Die Sau wurde aber, da Schnee war, wieder eingespürt und am übernächsten Tage, nun sehr steif und krank, totgeschossen. Sie hatte vom Anschuß aus 9 km zurückgelegt. Sie hätte aber zweifellos den tiefen Schuß durch das Vorderfußwurzelgelenk ausgeheilt. Der Schweiß liegt bei diesen

Schüssen infolge des Schlenkerns des Laufes verspritzt, der Lauf wird oft geschleift.

Im Gegensatz zu den anderen Schalenwildarten ist der *Hals* des Schwarzwildes kurz und breit. Man könnte daher in Versuchung kommen, ihn für ein geeignetes Ziel zu halten, wenn man das Stück im Feuer haben will. Trifft die Kugel den Halswirbel, so bricht es auch im Feuer zusammen. Doch ist leider ober- und unterhalb der Wirbel noch sehr viel Platz, und so kommt es häufig vor, daß man die Sau nur oben durch das ziemlich dicke Wildpret des Genickes faßt. Werden hierbei die Wirbelfortsätze mit gestreift, so bricht das Stück gekrellt zusammen, kommt aber bald wie mit anderen Krellschüssen wieder hoch. Immer aber reißt das Geschoß in der starken Nackenmuskulatur ein übles Loch, das stark schweißt und manchmal auch nach längerer Zeit das Verenden des Stückes herbeiführt, während es bei der Nachsuche auch am nächsten Tage noch sehr flüchtig ist. Geht die Kugel unter den Wirbeln durch, so kommt es leicht zu unangenehmen Drossel- und Schlundschüssen, bei denen das Stück, wenn nicht die Lunge voll Schweiß läuft und es dann erstickt, oft noch sehr weit geht und elend umkommen muß. Der Schweiß wird hier öfter ausgehustet und erinnert an Lungenschweiß. Das sind dann die Schüsse, bei denen man angeblich trotz Lungenschusses die Stücke nicht bekommen hat.

Aus diesen Gründen soll man den Halsschuß nach Möglichkeit vermeiden, ebenso den berühmten Schuß hinter den Teller, der den ersten Halswirbel zerschmettern soll. Es muß schon sehr nahe sein und man muß die nötige Bierruhe haben, wenn man den richtigen Fleck treffen soll. Sonst geht der Schuß leicht durch den Teller oder das Genick.

Sehr wirkungsvoll dagegen ist bei etwas schräg von vorn stehenden Stücken der Schuß auf den Halsansatz kurz vor der Blattschaufel, ein wenig hoch angetragen. Entweder trifft er die Wirbelsäule, oder er schlägt schräg durch die Kammer und verletzt Lunge und Herz. Meist brechen die Stücke im Feuer zusammen.

Nun haben wir glücklich das Schlimmste und Ekligste zum Schluß aufgehoben, das ist der gefürchtete Schuß durch das *Gebrech*. Durch die Bauart des Schwarzwildes mit seinem kurzen Hals liegt der Kopf verhältnismäßig viel näher am Blatt als bei anderem Wild. Da nun die Sauen noch dazu am meisten von allem Schalenwild flüchtig beschossen werden, wobei die Schüsse an sich schon öfter woanders sitzen, als sie sollen und als beim ruhigen Schießen, so kommt es leider häufiger vor, daß die Kugel den Kopf trifft.

Wenn man sich einmal das Skelett eines Sauschädels ansieht, so bemerkt man mit Erstaunen, welch kleinen Teil davon das Gehirn einnimmt. So ist es mehr oder weniger Dusel, wenn das Geschoß das Gehirn trifft. In den meisten Fällen zerschlägt es nur den Ober- und Unterkiefer. Dies gibt ganz scheußliche Verletzungen, die das Stück in den meisten Fällen hilflos machen, denn es kann mit den zerschmetterten Kiefern keine Nahrung mehr aufnehmen und muß auf die Dauer elend verhungern.

Es grenzt aber ans Wunderbare, welch schwere Gebrechschüsse die Sauen manchmal ausheilen. Man hat Sauen geschossen, denen der Lecker und der halbe Unterkiefer fehlte, und die noch nicht einmal besonders schlecht bei Wildbret waren. Zerschossene Unterkiefer heilen wieder zusammen, und auch Schüsse durch den Nasengang werden überwunden. Vor vielen Jahren hatten wir solch eine Bache im Revier, die man schon von weitem schnaufen hörte. Flüchtig kam sie an wie eine Lokomotive. Erst nach längerer Zeit gelang es mir endlich, sie zu strecken. Aber wohl in der weitaus größten Mehrzahl der Fälle fallen die Stücke zu Holz.

Je nach dem Sitz der Kugel brechen die Stücke entweder zunächst im Feuer zusammen, um dann torkelnd weiter zu flüchten, oder sie quittieren den Erhalt der Kugel durch Emporschleudern des Kopfes, den sie auch auf der weiteren Flucht vor Schmerz hin- und herschütteln. Bei einem Keiler, den ich zu weit vorn anfaßte, konnte ich im Schuß den Unterkiefer herunterklappen sehen.

Auf dem Anschuß und dicht dahinter findet man häufig Knochensplitter und Zähne. Einmal fanden wir sogar den ganzen Lecker. Der Schweiß, beiderseits der Fährte verspritzt, ist dünn und mit zähen Speichelfäden durchsetzt. Vielfach hört er nach einigen hundert Metern auf.

Die Aussichten, das Stück zu bekommen, sind sehr gering, denn es wechselt meist, soweit es kann. Da der Schweiß aufhört, fehlt oft jeder Anhalt. Kann man sofort einen guten Hund anhetzen, so ist noch am ehesten die Möglichkeit gegeben, obgleich sich die Sauen im Gefühl ihrer Wehrlosigkeit ungern stellen. Bei Schnee kann man durch weites Umschlagen versuchen, das Stück fest zu bekommen und mit möglichst vielen Schützen die Dickung zu umstellen. Im allgemeinen sind die Chancen aber gering. Lieber drei weidwunde Sauen nachsuchen, als eine mit Gebrechschuß!

Nachsuche

Wie wir gesehen haben, ist auf ein Zeichnen der getroffenen Sauen nicht zu rechnen. Auch der Kugelschlag bleibt immer eine unsichere Sache. So ist es verständlich, daß die genaue Feststellung des Anschusses von der größten Wichtigkeit ist. Zwar bildet er auch bei anderem Schalenwild den Ausgangspunkt der Nachsuche, aber beim Schwarzwild gibt er in vielen Fällen überhaupt erst die Gewißheit, ob der Schuß traf. Hier noch mehr als sonst gilt der gute alte waidmännische Grundsatz: Ehe nicht einwandfrei feststeht, daß die Kugel vorbeiging, wird auf den Anschuß gegangen und nachgesucht.

Es ist daher erforderlich, sich den *Anschuß* genau zu merken. Bei flüchtig beschossenen Stücken ist es manchmal nicht ganz einfach, besonders wenn man guten Anlauf hatte und mehrere Anschüsse vorhanden sind. Da heißt es, die Gedanken zusammennehmen. Mancher weiß dann in der Aufregung kaum, wie oft er geschossen hat, geschweige denn, wo die Anschüsse liegen. Auch in der Dämmerung ist es oft schwer, den richtigen Anschuß zu merken. Dies ist mit ein Grund, warum man nicht bei zu großer Dunkelheit auf Sauen schießen sollte.

Im Holz ist das Einprägen des Anschusses verhältnismäßig leicht, da sich immer markante Lücken, Äste oder Büsche finden werden, schwierig dagegen, je freier und anhaltsloser das Gelände ist.

Im Treiben ergibt sich der Zeitpunkt, den Anschuß aufzusuchen, von selbst, nämlich wenn das Treiben beendet ist. In der Dämmerung hat es keinen Zweck, sofort hinzulaufen, weil man doch nichts erkennen kann; man muß die Helligkeit abwarten. Ich halte es aber für weit übertrieben, wenn von manchen Leuten im Ernst verlangt wird, man solle erst nach einigen Stunden auf den Anschuß gehen. Wer allerdings sofort nach dem Schuß mit rauchender Büchse auf den Anschuß tobt, wird auch dort so aufgeregt sein, daß er nichts findet, und höchstens durch Vertrampeln mehr Schaden als Nutzen anrichten. Wenn ich aber nach einigen Minuten der Beruhigung mich auf den Anschuß begebe, was für ein Unheil soll ich dabei anrichten? Hat das Stück einen guten Schuß, so liegt es wahrscheinlich 20 bis 100 Schritt weiter und ist schon verendet. Auch bleiben waidwund oder leberkrank geschossene Sauen nicht wie Rotwild mit krummem Rücken in der Nähe des Anschusses und könnten durch das Herankommen verstört oder aus dem Wundbett hochgemacht werden. Sie gehen stets einige hundert Meter. Das sofortige Aufsuchen des Anschusses hat aber den Vorteil, daß ich seine Stelle noch frisch in der Erinnerung habe und daher leichter und sicherer finde als nach ein paar Stunden. So habe ich zumindest die Möglichkeit, den Anschuß zu verbrechen. Läßt mir das Licht am Abend noch Zeit, den Anschuß genau zu untersuchen, um so besser. Wer weiß, ob nicht Regen oder Schnee über Nacht fallen und mir die Feststellung am nächsten Morgen wesentlich erschweren.

Ich gehe sogar noch weiter. Wenn ich nach dem Befund auf dem Anschuß die Überzeugung habe, daß die Kugel gut sitzen muß, ich auch in aller Ruhe geschossen habe und den Schuß ansagen kann, so scheue ich mich keinen Augenblick, sofort nachzugehen, um die

Sau noch am selben Abend zu finden. Gerade im Sommer und Frühherbst verdirbt ein Stück Schwarzwild in einer kurzen Nacht, und das will man doch nach Möglichkeit vermeiden. Hat man aber die geringsten Zweifel nach Kugelschlag, Abkommen und Befund am Anschuß, dann läßt man lieber die Finger davon, begnügt sich mit der Feststellung des Anschusses und wartet bis zum nächsten Morgen.

Auf dem Anschuß sucht man zunächst die *Eingriffe.* Hier hat das Stück im Augenblick des Schusses und Flüchtigwerdens die Schalen besonders tief eingesetzt. Sie sind im übrigen ja bekanntlich kein wirkliches Schußzeichen, denn auch die vorbeigeschossene Sau macht solche. So sind die richtigen Eingriffe z. B. schwer zu finden, wenn auf den Schuß eine ganze Rotte erschreckt durcheinander flüchtet. Bei flüchtig beschossenen Stücken kann man von besonderen Eingriffen auf dem Anschuß überhaupt nicht reden, da findet man nur die Fluchtfährte.

Haben wir die Eingriffe gefunden, je nach Bodenverhältnissen leichter oder schwieriger, bei Schnee natürlich am leichtesten, so suchen wir nach *Schnittborsten.* Jede Kugel stanzt aus der Schwarte Borsten heraus, und so müssen sie eigentlich auf jedem Anschuß zu finden sein, wenn das Stück die Kugel überhaupt hat. Im Schnee fallen sie am ersten ins Auge, aber sonst muß man schon einigermaßen geübt sein, wenn man sie im Moos, Heidekraut oder Gras finden will. Bei starkem Wind werden sie auch leicht verweht. Bei Wintersauen findet man sie bei genauem Suchen aber fast immer und kann auch danach auf den Sitz der Kugel schließen. Je höher der Schuß sitzt, desto länger sind sie im allgemeinen. Ganz kurze Borsten sind von den Läufen und vom Kopf. Auf die Farbe kann man nicht viel geben, da die Sauen zu verschieden in der Färbung sind. Doch werden sie nach unten zumeist etwas heller. Neben den Borsten findet man häufig hellere Unterwolle. Findet man aber abgeschossene lange Borsten vom Kamm, so ist das Stück überschossen.

Schwieriger ist die Suche nach Schnittborsten im Sommer. Dann sind die Sauen fast kahl und die Borsten zeitweilig nur einige Millimeter lang. Dann kann man auch mit den besten Augen vergeblich nach Borsten suchen. Auch wenn die Sauen frisch aus der Suhle gestiegen sind, kleben die Borsten so fest zusammen, daß die abgeschossenen nicht zur Erde fallen können.

Haben wir bis jetzt nichts gefunden, so blicken wir einmal in der Richtung zurück, von wo wir geschossen haben, um vielleicht den Strich im Boden zu finden, den das Geschoß gezogen hat, wenn es vorbeigegangen ist. Auch sehen wir manchmal von hier aus, daß das Geschoß einen Stamm gefaßt und gesplittert hat. Dann können wir beruhigt nach Hause gehen. Finden wir aber hinter dem Anschuß den Einschlag der Kugel, so können wir mit einem Gehilfen, den wir einwinken, mit Hilfe eines Taschentuches leicht feststellen, ob die Kugel vielleicht doch in der richtigen Höhe sitzt. Doch überschätzt der Ungeübte leicht die Größe der Sauen.

Ist Ausschuß vorhanden, so finden wir womöglich auf dem Anschuß schon Schweiß, herausgerissene Teilchen von Lunge und Leber oder Knochensplitter. Alle diese Feststellungen sind aber meist sehr mühsam und zeitraubend und müssen gründlich vorgenommen werden. Hat man einen guten Hund zur Hand, der Borsten und Schußzeichen zuverlässig zeigt, so findet man nicht nur den Anschuß schneller, sondern erspart sich auch viel mühsames Suchen.

Je nach den Feststellungen auf dem Anschuß entscheidet man sich nun, ob man sofort nachsuchen will, oder ob man noch einige Zeit warten soll. Die sofortige Nachsuche kommt, wie oben erwähnt, nur in Frage, wenn man seiner Sache ganz sicher ist, oder die besonderen Verhältnisse, wie drohender Witterungsumschlag, es fordern.

Doch auch bei voraussichtlichen Leber- oder Weidwundschüssen, überhaupt bei allen nicht gleich tödlichen Schüssen, ist es vorteilhaft und kann nicht schaden, wenn man versucht, die Wundfährte am Abend bis zur nächsten Dickung zu bringen. Voraussetzung ist allerdings, daß man einen brauchbaren Hund bei sich hat, denn ohne diesen ist es schwer möglich. Auf keinen Fall aber dringe man, außer in ganz sicheren Fällen, bei Dämmerung in die Dickung ein.

Bei am Abend beschossenen Stücken beginnt man am nächsten Morgen, sonst nach frühestens zwei bis drei Stunden, mit der *planmäßigen Nachsuche.* Zu dieser sollte als Vorbedingung und

Selbstverständlichkeit ein brauchbarer, auf Schweiß gearbeiteter Hund gehören. Da in Schwarzwildrevieren meist auch Rotwild vorzukommen pflegt, so lohnt sich in vielen Fällen, vielleicht mit einigen Nachbarn zusammen, die Haltung eines Hannoverschen Schweißhundes. Er ist als Spezialist für die Wundfährte der geeignetste und wird auch da, wo andere Hunde in besonders schwierigen Fällen versagen, seine Aufgabe lösen. Zum Schweißhund gehört aber der richtige Führer, wenn man das Höchste und Letzte aus ihm herausholen will. Führer und Hund müssen vollkommen aufeinander eingespielt und miteinander verwachsen sein. Bei dem vielfach empfindlichen Charakter des Schweißhundes ist er viel schwieriger zu führen als ein durchschnittlicher Gebrauchshund. Besonders gute Hundeführer sind aber sehr selten und wenn man nicht jemand hat, der sich hierfür ausgesprochen eignet, so soll man lieber auf die Anschaffung eines Schweißhundes verzichten, da er sonst auch nicht mehr leistet als ein anderer Hund.

In Revieren, wo der Hannoveraner nicht ausgenutzt werden kann, ist sein kleinerer Vetter, der Gebirgsschweißhund, ein guter Ersatz. Seine Nase ist sicher ebenso gut, und er bringt ausgesprochen die sehr angenehme Eigenschaft des Schweiß- und Haarzeigens aus Anlage mit. Er ist auch nicht so ausgesprochener Spezialist auf Hochwild, wie sein großer Bruder. Man kann ihn auch getrost auf die Rehfährte setzen, selbst Füchse mit ihm nachsuchen, ohne ihm zu schaden. Doch vermeide man auch bei ihm, ihn auf warme Fährten zu bringen, da er sonst leicht zu heftig wird. Die Gebirgsschweißhunde sind ganz reizende Tiere mit sehr liebenswürdigem und anhänglichem Charakter. Sie wollen behandelt sein wie Kinder und wollen auch als vollwertiges Familienmitglied angesehen werden. Es wäre eine Sünde, sie in den Zwinger zu stecken.

Nach meinen Erfahrungen scheint es mir empfehlenswerter, sie als Welpen einzuführen, damit sie sich frühzeitig an die veränderten klimatischen Verhältnisse gewöhnen. Ausgewachsene Hunde haben Schwierigkeiten, sich der neuen Umgebung anzupassen. Sie erkälten sich im Winter leicht und sind dann nicht leistungsfähig. Außerdem kennen sie aus ihrer Bergheimat Bayern oder Österreich keine Sauen, und es dauert unter Umständen lange, ehe sie sich an die ihnen anscheinend unangenehme Wittrung gewöhnen. Eine Hündin, die ich 2½jährig aus Österreich bekam, suchte zwar treu bis zur verendeten Sau, führte mich aber dann im Bogen um das Stück, da es ihr unsympathisch war. Es hat lange gedauert, ehe sie diese Abneigung überwunden hatte, aber bis an ihr Lebensende ging sie nur einen Augenblick an das Stück heran, bewindete es flüchtig und setzte sich dann drei Schritte abseits, als wenn sie sagen wollte: „Bitte sehr, meine Pflicht habe ich getan, aber mehr kannst Du nicht von mir verlangen." Ein anderer Hund aus der Umgebung, der als Welpe hierherkam, war dagegen ganz wild auf Sauen.

Überhaupt gewöhnen sich alle Arten von Gebrauchshunden von Jugend an leicht an die Saufährte und scheinen sie meist besonders gern zu halten. So habe ich auch bei diesen vorzügliche Leistungen gesehen, und zwar ohne Unterschied der Rassen. Die Hauptsache bleibt immer, daß der Hund viel Übung hat, dann kennt er den Rummel bald in- und auswendig. Auch Teckel haben bekanntlich meist sehr gute Veranlagung auf Schweiß und können zu zuverlässigen Spezialisten werden.

Nicht geeignet sind im allgemeinen die bei Treibjagden benutzten Saufinder, besonders Kreuzungen. Sie finden zwar die weit duftende Rotte im Kessel und halten die warme Fährte, den Schwierigkeiten einer langen Nachsuche auf der kalten Wundfährte sind sie aber nicht gewachsen.

Halten wir also fest, daß ein guter, auf Schweiß gearbeiteter Hund zu jeder sachgemäßen Nachsuche gehört.

Wenn es sich irgend einrichten läßt, wird man versuchen, noch ein paar Schützen zur Hilfe bei der Nachsuche heranzubekommen. Man stellt sie auf Schneisen und an Wechseln vor, damit sie beobachten und das Stück totschießen können, wenn es noch nicht verendet sein sollte. Ganz besonders ist hierbei der Rückwechsel zu bestellen, denn er wird mit Vorliebe von den kranken Sauen angenommen. Überhaupt halten kranke Sauen mit fast absoluter Sicherheit die bekannten Hauptwechsel, wovon man sich bei längeren Nachsuchen bei Schnee oft genug überzeugen kann. Kennt man diese Wechsel, so kann die Nachsuche wesentlich abgekürzt werden, wenn auf dem richtigen Wechsel der richtige Mann steht. Wichtig und praktisch ist es, wenn wenigstens einige der Teilnehmer ein Horn bei sich führen, damit man sich bald zusammenrufen kann, und nicht unnötige Zeit verlorengeht. Überhaupt muß man sich auf eine längere Dauer der Nachsuche stets gefaßt machen und sich für alle Fälle mit Proviant und Zigarren so einrichten, daß man unter Umständen den ganzen Tag aushalten kann. Ist es nicht nötig, um so besser.

Solange die Suche mit einem nicht heftigen Hund durch raumes Holz und über Blößen geht, ist die Sache nicht so schlimm. Aber wenn das Stück dann nicht bald mit gutem Schuß verendet liegt, kommt mit tödlicher Sicherheit eine Dickung. Dann heißt es für den Waidmann: Kragen hoch, noch einmal nachsehen, daß die Büchse gesichert ist, und rin ins Vergnügen. Besonders bei bürstenähnlichen Dickungen und bei Schneebehang gehört es nicht zu den größten Freuden des Daseins. Je heftiger der Hund ist, um so weniger. Es ist dann geradezu ein Kunststück, die Büchse vor Schnee zu schützen, nicht mit ihr hängen zu bleiben, den Hut auf dem Kopf und den Riemen in der Hand zu behalten. Als Kopfbedeckung ist daher eine sehr festsitzende Mütze vorzuziehen. Auch soll man sich das älteste Zeug anziehen, das man hat, denn es setzt oft Risse und Löcher.

In sehr engen Dickungen ist die Büchse nur hinderlich. Unbewaffnet ist der Jäger aber auch hilflos, wenn er die kranke Sau auf einige Schritte vor sich hat oder gar angenommen wird. Da ist eine Pistole mit großem Kaliber eine gute Aushilfe, wenn man mit ihr umzugehen versteht. Man trägt sie geschützt im Futteral, sie ist nicht im Wege und man ist im geeigneten Augenblick doch eher schußfertig, als wenn man die Büchse erst von Schnee reinigen muß oder der verstopfte Lauf einem womöglich um die Ohren fliegt.

Bei Schnee, oder wenn man einen Hund hat, der die kranke Fährte verweist, wird man sich das unnötige Durchkriechen der Dickung gern sparen und durch Umschlagen festzustellen versuchen, ob die Sau nicht schon durch ist. Sehr oft ziehen sie nämlich durch den ersten Teil einer Dickung und stecken sich erst in dem folgenden. Ja zuweilen durchqueren sie auch einen ganzen Dickungskomplex, um sich irgendwo in einem vorgelagerten Fichtenhorst einzuschieben. Da kann man durch Umschlagen, wenn die Verhältnisse es gestatten, viel Zeit und Mühe sparen. Hat sich die Sau aber nicht weit vom Anschuß in der ersten Dickung gesteckt, so wird man sie voraussichtlich bald haben.

Hat man die Kontrolle über den Hund, so soll man seiner Nase mehr glauben als dem eigenen Verstand. Man fährt meist besser dabei. Kommt er auch mal von der Fährte ab, so sucht ein verständiger Hund sie durch Bogenschlagen schon selbst wieder.

Bei Schnee kann man bisweilen verfolgen, welche Widergänge eine kranke Sau macht. Sie zieht z. B. im hohen Holz geradewegs auf einen Weg zu, um dann im spitzen Winkel wieder zurückzuziehen. Oder sie macht vor einer Dickung rechts um und zieht am Rande eine Strecke weiter, ehe sie diese annimmt. Im allgemeinen sind die Widergänge ein Zeichen, daß das Stück sich bald einschieben will. Man findet kurz vorher öfter, daß die Sau mit dem Gebrech die Erde fortgeschoben hat, um sich ein Wundbett zu machen. Dann ist das Stück schon müde, und man kann darauf rechnen, es bald zu finden. Bricht das Stück dann vor einem fort, so muß man, nach Feststellung im Wundbett, daß es auch wirklich das kranke Stück ist, den Hund schnallen. Nun ist die Frage, kommt das Stück dem Hunde noch fort, oder wird es sich stellen? Ist die Sau wirklich ernstlich krank, so tut sie dies gewöhnlich bald,

und nun kommt das Aufregendste der ganzen Nachsuche, vorsichtig und unter Beachtung des Windes so nahe an das Stück heranzukommen, daß man den Fangschuß anbringen kann.

Sind mehrere Schützen an der Nachsuche beteiligt, so ist zunächst vorher genau zu verabreden, wer das Stück angehen soll, damit kein Unglück passiert, wenn übereifrige Leute von mehreren Seiten auf den Standlaut zueilen. Daher soll aus Grundsatz stets nur einer angehen, und zwar in der Regel der Hundeführer, während die anderen auf ihren Ständen bleiben.

Wenn man auch an dem Laut des Hundes und dem Wetzen der gereizten Sau weiß, wo diese sitzt, so ist es in den meisten Fällen sehr schwer, sie zu Gesicht zu bekommen. Hier darf man nichts übereilen. Hat man den Hund erst gesehen, der je nach Schneid die Sau im größeren oder kleineren Bogen umtanzt, so wird man mit der Zeit doch herausbekommen, wo sie sich eingeschoben hat. Einmal wird ihr die Sache doch über, und sie macht einen Ausfall nach dem Hund oder versucht sich abzustehlen, wobei man ihr die Kugel geben kann.

Bekommt die kranke Sau aber den Jäger weg, so wird sie, je nach dem Grad des Krankseins und Temperaments, entweder flüchtig, oder sie nimmt an. Die Lust zum *Annehmen* ist gegendweise ganz verschieden. In manchen Gegenden sollen die Sauen bei den geringsten Anlässen annehmen, in anderen hört man weniger davon.

Am angriffslustigsten sind ohne Zweifel Keiler in jüngeren Jahren, während alte Bassen, infolge ihrer schlechten Erfahrungen mit dem Menschen, überhaupt vorsichtiger zu sein scheinen. Doch auch Bachen nehmen an, und zwar nicht nur, wenn sie ihre schwachen Frischlinge verteidigen.

Obgleich man in den meisten Fällen darauf rechnen kann, daß die Sau vor dem Menschen flüchtig wird, so muß man doch stets darauf gefaßt sein, daß eine gereizte kranke Sau annimmt. Besonders gern tut sie dies, wenn sie angerufen wird oder einen Laut des angehenden Jägers vernimmt, z. B. wenn er den Hund anhetzt oder den draußen stehenden Schützen etwas zuruft.

Das Annehmen geht stets überraschend und blitzschnell vor sich, so daß der Jäger manchmal kaum Zeit hat, die Büchse hochzubringen. Der Keiler stürmt dann dicht vorbei und schlägt mit dem Gewehr nach dem Menschen, und zwar von unten nach oben. Je nach der Stärke des Stückes sitzen die Schläge meist auf dem Oberschenkel, auf der Hüfte oder noch höher. Wunderbarerweise passiert hierbei verhältnismäßig selten etwas Ernstliches. Die dicken Wintersachen, die man dann meistens anhat, halten viel ab, und so setzt es zum Glück meistens nur Löcher in die Hose oder Jacke und rote Striemen auf die Haut. Doch geht die Sache gelegentlich auch mal böse aus und endet mit erheblichen Verletzungen, ja mit tödlichem Ausgang. So starb ein Nachbar meines Großvaters, ein Herr v. Kleist, in den 80er Jahren an den Folgen eines Keilerschlages.

Vielfach ist das Annehmen wohl auch gar nicht so ernst gemeint. Das Schwein hat nur zufällig die Richtung auf den Schützen und schlägt nach ihm, wenn er ihm in den Weg kommt. Daher auch die Ansicht, daß der Keiler nach dem Schlage weiterstürme und den Angriff nicht wiederhole. Das ist aber ein Irrtum. Ich war selbst dabei, als ein 3jähriger Keiler den Schützen, der sich gemeldet hatte, urplötzlich annahm, nach dem Schlag blitzschnell kehrtmachte und nur durch einen glücklichen und sehr flinken Schuß daran gehindert wurde, nochmals zu schlagen. Bachen schlagen nicht, sondern beißen und treten wohl auch auf dem Jäger herum, wenn er zu Fall kommt. Doch können sie lebensgefährliche Wunden nicht so leicht beibringen.

Die Gefahr des Annehmens kann man in manchen Fällen einschränken, wenn man bei starken Sauen so lange mit der Nachsuche wartet, bis das Stück voraussichtlich so krank geworden ist, daß es keine Kraft mehr zum Annehmen hat. Das gilt hauptsächlich für Weidwundschüsse. Leider läßt es sich nicht immer so einrichten, zumal wenn im Treiben die Hunde am kranken Stück überjagen oder die Nachsuche aus bestimmten Gründen noch an demselben Tage angesetzt werden muß. Viel schlimmer ist eigentlich, wenn das Stück sich nicht ordentlich stellt oder vor dem Schützen ausweicht. Kommt es dann nicht zufällig draußen bei den vorgestellten Schützen zu Schuß – und das geht leider auch oft genug daneben –, so muß man sich entschließen, die Nachsuche abzubrechen, wenn man die Überzeugung hat, daß das Stück nur so leicht angeschweißt ist, daß es sich bestimmt ausheilt. Der erfahrene Hund kommt oft erst nach Stunden abgehetzt zurück. Auch soll man überhaupt vorsichtig damit sein, bei zweifelhaften Nachsuchen den Hund gegen Abend zu schnallen. Im Dunkeln kann man ihm in der Dickung doch nicht mehr zu Hilfe kommen, und er hetzt das Stück womöglich bis in die Puppen. Im eigenen Revier findet der Hund schon allein nach Hause, aber im fremden kann der arme Herr bei einem anhaltend jagenden Hund womöglich bis spät in die Nacht an der Stelle warten, wo er ihn geschnallt hat, denn dorthin kommt er mit Sicherheit zurück. Ist man also nicht sicher, daß die Hetze nur kurz ist, so verschiebe man sie lieber bis zum nächsten Morgen.

Auf jeden Fall ist die Nachsuche nach einer groben Sau oder einem hauenden Schwein eines der aufregendsten Dinge, die es gibt. Dies ist wirklich noch Waidwerk, und wenn dann das „Sau tot" als lieblichste Musik die Teilnehmer der Nachsuche zusammenruft um den gestreckten urigen Bassen im weißen Wald, das sind Augenblicke, die man nicht so leicht vergißt.

5 Behandlung des Wildes und der Trophäen

Aufbrechen und Verwertung

Wie schon verschiedentlich betont wurde, verdirbt das Wildpret des Schwarzwildes besonders leicht. Es ist daher nötig, jedes erlegte Stück, sofern man es nicht sofort aufbrechen kann, wenigstens gleich zu lüften. Auf Treibjagden sollten die Treiber hierzu angehalten werden, sobald sie auf ein erlegtes Stück stoßen. Auch den Schützen wird es sicher gedankt werden, wenn sie es unaufgefordert tun. Das Lüften geschieht – wie bei anderem Wild auch – dadurch, daß man das Stück auf den Rücken dreht und zwischen den Keulen einen Schnitt in der Mitte der Bauchwand nach vorn führt, der Schwarte, Weiß und Bauchfell teilt, so daß man bis auf das Gescheide kommt, das aber nicht verletzt werden darf. Hierdurch wird das Aufblähen des Stückes verhindert.

Wenn irgend Zeit ist, soll man aber sofort mit dem richtigen Aufbrechen beginnen. Ist das Stück noch warm, macht sich alles viel leichter. Weidwund geschossene Stücke aufzubrechen, besonders wenn sie über Nacht gelegen haben, ist kein reiner Genuß. Man steckt sich am besten eine Zigarre dazu an.

Das Aufbrechen selbst geschieht genauso wie beim übrigen Wild. Wer bisher nur Rehböcke aufgebrochen hat, wird merken, daß es beträchtlich schwerer ist. Man schärft zunächst den Hals auf, um Schlund und Drossel zu lösen. Hierbei braucht man aber nicht wie beim Rot- und Rehwild einen Knoten in den Schlund zu schlagen, da beim Schwarzwild der Mageninhalt nicht nach vorn heraustritt, wenn man mit dem Magen den Schlund nach hinten herauszieht. Im übrigen vollzieht sich das Auswerfen des Gescheides, das Öffnen des Schlosses und nach Abschärfen des Zwerchfelles das Herausnehmen des Geräusches ebenso wie beim Rehbock. Die an der Leber sitzende Galle muß so vorsichtig abgeschärft werden, daß sie nicht verletzt wird, da sonst die Leber bitter schmeckt.

Das aufgebrochene Stück läßt man gut ausschweißen, indem man es vorn hochhebt. Bei einem Keiler von 2–2½ Zentnern ist das dem einzelnen Menschen kaum möglich. Solange im Sommer und Herbst Fliegengefahr besteht, muß man das aufgebrochene Stück gut mit Zweigen zudecken, sonst ist es mit Eiern und Maden gespickt, bis man den Wagen zum Abtransport geholt hat.

Beim Abfahren legt man den Aufbruch, Herz, Lunge und Leber, gewöhnlich in das Innere des Stückes. Auf größeren Jagden, bei denen man einen Wildwagen mitführt, dessen Fahrer die erlegten Stücke aufzubrechen und zu versorgen hat, empfiehlt es sich, eine Tonne oder Wanne mitzunehmen, in die die Aufbrüche kommen. Dann kühlen die Stücke besser aus. Magen und kleines Gescheide werden nach Möglichkeit gleich vergraben, damit sie nicht häßlich im Revier herumliegen.

Zu Hause müssen die Stücke in einem luftigen Raum aufgehängt werden, damit sie ausschweißen und auskühlen können. Will man sie selbst verbrauchen, so kommen sie im Sommer baldmöglichst in den Eiskeller, aber erst, wenn sie ganz ausgekühlt sind, im Winter kann man sie im Freien an einer Nordseite aufhängen. Sie halten sich dann in der Schwarte gut vier Wochen.

Des besseren Ausschweißens wegen hängt man die Sauen im allgemeinen mit dem Kopf nach oben auf. Auf Grund schlechter Erfahrungen bin ich jedoch ganz davon abgekommen. Besonders stärkere Sauen mit viel Weiß entwickeln eine große Hitze. Diese schlägt beim Aufhängen mit dem Kopf nach oben in den Brustkorb und bildet dort eine feuchte Schicht, die leicht Anlaß zum Verderben des Stückes gibt. Hängt man die Sauen dagegen, wie die Fleischer es tun, mit dem Kopf nach unten auf, so kann der Dunst in die Luft entweichen. Auch wenn man den Brustkorb ganz öffnet, wie beim zahmen Schwein üblich, wird das Auskühlen gefördert. Doch sieht es nicht schön aus und gibt im Sommer den Fliegen noch mehr Möglichkeit zum Zutritt. Auch beim Verladen macht es sich nicht gut. Bei sehr starkem Frost friert das Wildpret von außen und innen ein, während es in der Mitte noch warm ist.

Bei stärkeren Stücken löst man daher die Blätter, indem man zwischen den Vorderläufen und dem Brustkorb einen Schnitt führt und die Muskulatur der Blattschaufel von den Rippen abhebt. Hierdurch wird das Auskühlen gefördert. Aus allen diesen Gründen soll man mit dem Verschicken an den Wildhändler lieber einen Tag länger warten, bis die Stücke einwandfrei ausgekühlt sind. Sonst erlebt man leicht Ärger.

Hat man mehrere Stücke zur Auswahl, so gebe man nur die bestgeschossenen dem Wildhändler, weil sie unverhältnismäßig besser bezahlt werden. Die Sauen mit schlechten Schüssen verwertet man viel vorteilhafter im eigenen Haushalt oder verkauft sie am Ort.

In manchen Gegenden ist es üblich, das Wildpret vom Schwarzwild mit bei der Hausschlachterei zu verwenden. Hierzu soll man nur ganz einwandfrei geschossene und sofort aufgebrochene Stücke nehmen, weil man sonst Gefahr läuft, daß die ganze Schlachterei verdirbt.

Im übrigen ist zu beachten, daß das im Haushalt verwandte Schwarzwild gesetzlich der Trichinenschau unterworfen ist. Ich habe zwar noch nicht erlebt, daß es Trichinen gehabt hätte, aber der Trichinenschauer freut sich wenigstens, wenn er seine Gebühren bekommt. Das Wildpret der Sauen ist äußerst schmackhaft und läßt sich sehr vielseitig verwenden. Auch stärkere Sauen, besonders wenn sie sehr weiß sind, schmecken ausgezeichnet, und selbst ein Keiler in der Rauschzeit ist gegen einen Brunfthirsch noch eine Delikatesse. In Gegenden, wo das Schwarzwild häufig ist, gehört es in Gutshaushaltungen zu den alltäglichen Nahrungsmitteln.

Wird eine Sau für den Haushalt oder den örtlichen Verkauf zerlegt, so soll der interessierte Jäger die Gelegenheit benutzen, dabei zuzusehen, um sich auf diese Weise über die Anatomie des Schwarzwildes, die Schußwirkung usw. ins Bild zu setzen. Bei älteren Keilern wird er in den meisten Fällen alte Schüsse oder Kugeln finden, die ihm zeigen, was solch alter Basse alles durchgemacht hat.

Behandlung der Trophäen

In manchen Gegenden ist es Sitte, die Sauen zu brennen, d. h. die Borsten abzusengen, so daß die Schwarte am Wildpret bleibt. In zivilisierten Zonen schwartet man die Sauen ab, und wenn die Schwarten auch nur einen sehr geringen Verkaufswert haben, so geben sie doch die Möglichkeit, besonders gute Stücke zu gerben und als eine Art Trophäe aufzuheben. Hierzu eignen sich allerdings nur Winterschwarten. Wer es nicht versteht oder sich nicht die Mühe machen will, gebe sie am besten zu einem ordentlichen Gerber, der sie für billiges Geld so zurichtet, daß sie jahrelang als Bettvorleger oder sonstiger Teppichersatz aushalten. Ein paar gute Sauschwarten in der Jägerstube wirken immer gemütlich. Nur muß man sich darüber klar sein, daß sie kein ewiges Leben haben und sich mit der Zeit abtreten.

Wer nicht das Geld für das Gerben ausgeben will, kann es auch selber machen, indem er die Schwarte mit der Innenseite nach oben auf irgendeinen Bretterboden nagelt, alle Fettreste abkratzt und das Ganze mehrmals mit einer Mischung von Alaun und Salz bestreut, bis alles gut eingezogen ist. Doch muß ich gestehen, daß ich dies Rezept nicht selbst ausprobiert, sondern nur in „Wild und Hund" als empfehlenswert gelesen habe.

Wer so viel Geld hat, daß er sich einen Keilerkopf präparieren lassen will, der bedenke zunächst, daß nur ein wirklich starker Keiler an der Wand wirkt. Überläufer mit womöglich bis zur Wurzel herausgezogenen Gewehrchen rufen bei dem Kenner nur ein Schmunzeln hervor. Überhaupt soll man solchen Auftrag nur einem wirklichen Künstler geben, wenn man Freude daran haben will. Was man so im allgemeinen sieht, sind meist Karikaturen, aber nicht Abbilder eines urigen stolzen Wildes. Ein wirklich gut präparierter Kopf eines starken Keilers kann dagegen ein Prunkstück des Jägerheims sein.

Entschließt man sich also dazu, den Kopf eines besonders guten Bassen präparieren zu lassen, so achte man vor allem darauf, daß er nicht zu kurz abgeschärft wird. Am besten ist es, man läßt die Schwarte bis hinter dem Blatte dran. Abnehmen läßt sich dann immer noch etwas, ansetzen aber ist schwer.

Ich habe es immer als bedauerlich empfunden, wenn die starken Gewehre in dem Kopf bleiben. Man muß dann meistens eine Leiter, mindestens einen Stuhl haben, um sich von ihrer Güte zu überzeugen. Deshalb finde ich es eine gute Lösung, wenn man an dem ausgestopften Kopf die Gewehre durch Abgüsse ersetzen läßt und die echten Gewehre darunter so aufhängt, daß man sie richtig ansehen und beurteilen kann.

Nach meinem Geschmack sind überhaupt auf ein einfaches dunkles Eichenschild aufgesetzte Gewehre die schönste Trophäe, die gleich hinter dem starken Rothirschgeweih kommt. Sie werden leider meist nicht mit der Sorgfalt behandelt, mit der man z. B. das starke Gehörn eines Bockes bedenkt.

Schon beim Herausnehmen werden aus Unkenntnis die stärksten Gewehre verdorben. Blutenden Herzens sieht man sie bisweilen kurz hinter der Schleiffläche abgeschnitten. Man muß sich klar machen, daß die Gewehre zu zwei Dritteln im Unterkiefer sitzen. Man nimmt also von dem herausragenden Teil von 6 bis 8 cm das Doppelte, gibt als Sicherheitskoeffizienten noch ein paar Fingerbreit zu und schneidet mit einer scharfen Säge dort den Unterkiefer durch. Die Haderer dagegen haben nur kurze Wurzeln. Hier braucht man nur drei Fingerbreit dahinter den Schnitt zu führen. Dann kocht man beide Teile so lange im Wasser, bis sie weich sind, etwa 20 Minuten, und löst nun die Haderer mit Leichtigkeit, während man die Gewehre durch Druck auf die Spitze nach hinten herausschiebt. Sodann zieht man mit einem Haken oder Messer die Papille heraus, säubert die Gewehre von allen Wildpret- und Fettresten, und die Sache ist fertig.

Leider haben die Gewehre die Gewohnheit zu platzen, wenn sie längere Zeit in geheizte und trockene Räume kommen. Es werden verschiedene Mittel angewendet, um dies zu verhindern, mit mehr oder weniger Erfolg. Manche gießen die Gewehre mit Wachs oder Stearin aus, andere legen sie in flüssiges Paraffin. Dies soll bezwecken, daß die Waffen Fett anziehen und nicht spröde werden. Man kann sie aber auch mit dem unter dem Namen Lignit oder Lignoform in den Handel kommenden sogenannten knetbaren Holz ausfüllen, das nach kurzer Zeit verhärtet und das Gewehr zusammenhält. Ich glaube die Beobachtung gemacht zu haben, daß die Waffen im Sommer erlegter Keiler nicht so leicht springen, wahrscheinlich weil dann die Unterschiede der Luftfeuchtigkeit und von Außen- und Innentemperatur nicht so groß sind. Kommen sie dagegen im Winter gleich in geheizte Räume, so platzen sie manchmal schon nach 14 Tagen. Man legt sie daher vorsichtshalber ins Kühle, damit sie allmählich trocknen können. Ebenso soll man die Gewehre nicht zu früh aufsetzen lassen, was in der Regel mit Schrauben von der Rückseite geschieht, damit die Spannung sich nicht mehr verändert.

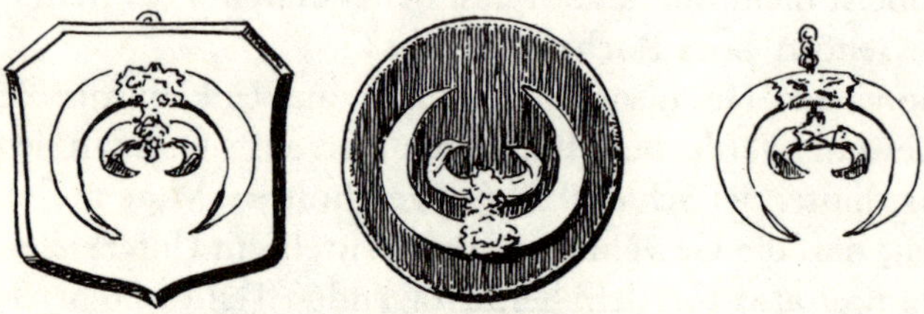

Verschiedene Arten des Aufsetzen von Keilerwaffen

In welcher Art man sich seine Gewehre aufsetzen läßt, ist Sache des persönlichen Geschmacks, über den sich bekanntlich nicht streiten läßt. Mancher ist für das Schlichte, z. B. eine dunkel gebeizte Eichenholzplatte, ein anderer mehr für das Pompöse mit Eichenlaub und Schwertern. Schwache Gewehrchen sehen aber in solch großartiger Aufmachung noch kümmerlicher aus.

An der Wand wirken die Waffen am besten, wenn sie etwas niedrig hängen, also noch unter Augenhöhe. Sind sie mit der Spitze nach unten aufgemacht, so kommen sie am besten zur Geltung, da man dann von oben auf die breite Seite sieht.

Wirklich starke Waffen sind eine sehr eindrucksvolle Trophäe und geben dem Kapitalgehörn und dem guten Geweih nichts nach.

Bewertung der Keilerwaffen auf Ausstellungen

Während in der Anfangszeit der Jagdausstellungen die Trophäen sämtlicher Wildarten nach dem Augenschein gerichtet wurden, setzte sich später immer mehr das Bestreben durch, durch exakte Messungen und deren Berechnung nach Wertziffern ein Punktsystem zu schaffen, das unter Ausschaltung von optischen Täuschungen und persönlichem Geschmack eine einwandfreie Vergleichsmöglichkeit der einzelnen Trophäen gegeneinander bot.

So entstanden die Bewertungsformeln für die einzelnen Wildarten, und so wurde auch nach mehreren unbefriedigenden Versuchen die Schwarzwildformel entwickelt, die zum erstenmal auf der Internationalen Jagdausstellung 1937 in Berlin angewandt wurde und seitdem gültig geblieben ist.

Sie lautet folgendermaßen:

$$\left(\frac{Ll+Lr}{2}\right) \times 0{,}1 + \left(\frac{Bl+Br}{2}\right) \times 3 + (HUl+HUr) \times 0{,}1$$

Die Formel ist folgendermaßen anzuwenden:

L = Gewehrlänge. Sie wird auf 1 mm genau an der äußeren Kante mit dem Stahlbandmaß gemessen. Das Bandmaß wird so angelegt, daß auch die Vorwölbung am hinteren, stumpfen Ende mitgemessen wird (s. Abbildung). Der Durchschnitt der beiden Längen in cm ergibt die Punktzahl.

B = Gewehrbreite. Die Gewehrbreite wird mit der Kluppe oder dem Zirkel auf $^1/_{10}$ mm genau gemessen, und zwar an der breitesten Stelle. Anomale Wülste bleiben unberücksichtigt. Der Durchschnitt der beiden Breitenmaße in mm × 3 ergibt die Punktzahl.

HU = Hadererumfang. Der Umfang beider Haderer wird an der breitesten Stelle mit dem Stahlbandmaß auf 1 mm genau gemessen. Die Addition der beiden Umfangmaße in cm ergibt die Punktzahl.

Zuschläge. Für besonders harmonische Waffen und starke gekrümmte Haderer (Merkmale für Alter) können bis 5 Zuschlagpunkte gegeben werden.

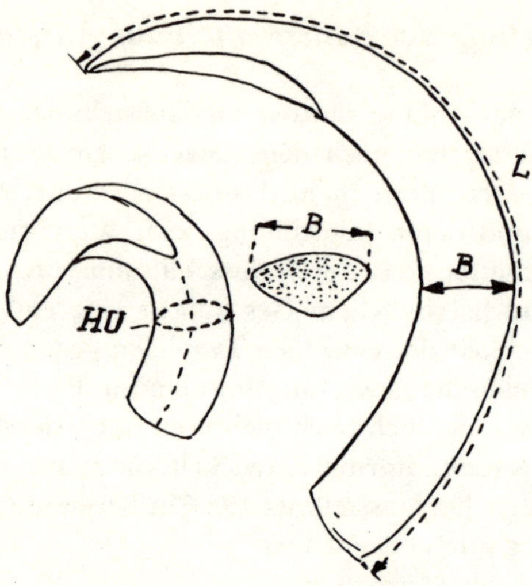

Maßanleitung für Keilerwaffen

Abzüge. Für besonders kurze oder mißgebildete Haderer und für zur Spitze hin merklich verjüngte Gewehre (Jugendmerkmal) können bis zu 5 Punkte in Abzug gebracht werden.

Wie man sieht, wird die Breite der Gewehre gegenüber der Länge sehr hoch bewertet. Dies ist auch berechtigt, denn gerade die Breite gibt den Waffen erst ihre Stärke. Auch gute Haderer heben die Punktzahl erheblich, ebenfalls mit Recht, denn sie runden das Bild einer wirklich urigen Trophäe ab und sind zudem ein Zeichen des Alters.

Ich hatte das Glück, auf den großen internationalen Jagdausstellungen, sowohl 1937 in Berlin, als auch 1954 in Düsseldorf, die Keilerwaffen mitrichten zu dürfen und damit einen gründlichen Einblick in die Spitzenklasse des europäischen Schwarzwildes zu tun.

In Berlin war ein polnischer Keiler von 151 Punkten der beste und fiel damit weit aus dem Rahmen. Der nächstbeste, auch ein Riese aus Polen, hatte 142,2, der beste Rumäne 134,9, der beste Jugoslawe 132,2 Punkte. Der beste deutsche Keiler aus Ostpommern brachte es auf 125,5, ein Ostpreuße auf 124,9 Punkte. Auch die Weltjagdausstellung 1971 in Budapest zeigte eindeutig die

Überlegenheit der östlichen Schwarzwildrasse. Dieses Mal stellte Jugoslawien den Spitzenkeiler mit 142,30 Punkten, ihm folgten Waffen aus der Sowjetunion mit 141,80. Polen zeigte 2 Keiler über 140 Punkte, die übrigen Balkanstaaten lagen zwischen 138,95 und 135 Punkten. Auch die DDR konnte sich mit Waffen von 129,80 Punkten sehen lassen.

Die Ausstellung 1954 in Düsseldorf bot infolge des Fehlens der osteuropäischen Länderausstellungen ein ganz anderes Bild.

Nur einige wenige aus dem Kriege mitgebrachte Trophäen deutscher Jäger gaben einen schwachen Eindruck von der Stärke der östlichen Schwarzwildrasse. So stammte der beste Keiler der Ausstellung mit 134,3 Punkten aus Kurland und ein Hauptschwein aus Polen brachte es auf 130,4 Punkte. Jugoslawien, das die Rolle von Polen und Rumänien übernommen hatte und auch an Hirschen und Rehböcken kapitale Sammlungen zeigte, hatte die eindrucksvollste Ausstellung an Keilerwaffen, von denen die besten mit 130 und 123,7 Punkten bewertet wurden.

Da die Stärke des Schwarzwildschlages und damit auch die Stärke der Waffen von Osten nach Westen erfahrungsgemäß abnimmt, war es eine der größten Überraschungen, daß der zweitbeste Keiler der Ausstellung ein Franzose aus den Wäldern bei Orleans mit 130,4 Punkten war. Auch ein Keiler aus den belgischen Ardennen mit 120,9 Punkten brachte es zu einem ersten Preis.

Leichter zu erklären war die Tatsache, daß die westdeutschen Keiler gegenüber 1937 besser geworden waren. Infolge der Jagdbeschränkung nach dem Kriege hatten sie die Möglichkeit, älter zu werden.

So erreichten die besten Keiler aus:

Rheinland	1937	115,1 P.	1954	122,3 P.	erlegt 1950
Bayern	1937	113,8 P.	1954	121,6 P.	erlegt 1952
Hessen	1937	111,0 P.	1954	118,0 P.	erlegt 1952

Neun Jahre später, im Jahre 1963, gab die Deutsche Jagd-, Forst- und Holzausstellung in München wieder Gelegenheit, Vergleiche mit den Ergebnissen von 1954 anzustellen. Von 100 ausgestellten Keilerwaffen kamen nur zwei auf über 120 Punkte, beide aus Schleswig-Holstein. Niedersachsen zeigte zwei Trophäen von 119 Punkten, die besten der übrigen Länder lagen um 115 Punkte. Gegenüber 1954 also ein gewisser Rückgang, wohl als Folge der fehlenden Schonzeit. Auch in Budapest wurden 1971 nur 2 Keiler aus der Bundesrepublik mit mehr als 120 Punkten gezeigt. Sie stammten aus Schleswig-Holstein und Oberhessen. Aus der DDR waren es dagegen 40 Keilerwaffen mit über 120 Punkten, davon erreichten 11 sogar über 125 Punkte.

An Hand dieser Zahlen kann sich jeder Jäger ein Bild davon machen, ob der Keiler, den ihm Dianas Gunst beschert hat, für seine Gegend etwas Besonderes ist oder nicht.

Aber mit Dianas Gunst allein ist es nicht getan, wenn man wirkliche Hauptschweine mit kapitalen Waffen erbeuten will. Nur ein solcher Frischling kann einmal das Optimum seines Schlages erreichen, der, früh von einer starken Bache gesetzt, das ganze erste Jahr über die Führung seiner Mutter genossen hat, so daß er vollentwickelt in den Überläuferjahrgang aufrückt und der dann das Glück hat, daß ihn 6 bis 8 Jahre lang kein schlechter Schuß oder sonstiger Unfall in der weiteren Entwicklung hindert. Daher ist es Voraussetzung, die starken Bachen das ganze Jahr hindurch zu schonen, aus den Rotten die schwächsten Stücke zu schießen und nicht auf jeden zwei- und dreijährigen Keiler Dampf zu machen. Dann werden wir auch auf den nächsten Ausstellungen wieder Waffen von 120 bis 130 Punkten bewundern können.

Leider wurden die in Lüneburg 1980 gezeigten Keilerwaffen – als Ergebnis der Hegebemühungen im Lüneburger Modell – bisher nicht ausgepunktet, so daß ein Vergleich mit Trophäen aus München oder Budapest nicht möglich ist. Es ist aber gewiß, daß den Bemühungen im Hochwildring Lüneburg oder ähnlichen im Spessart der Erfolg nicht vorenthalten bleibt.

Allen waidgerechten Schwarzwildjägern Waidmannsheil!

Sachregister